军迷·武器爱好者丛书

轰炸机与直升机

吕辉 / 编著

辽宁美术出版社

前 言
Foreword

1903年，美国莱特兄弟发明飞机后，军方立即认识到飞机在战争中的价值，于是开始装备到军队里。最初只用来飞临敌占区上空侦察敌情，有时在侦察中，飞行员会随手向敌占区扔下一颗炸弹，这就是"轰炸机"的起源。

后来，轰炸机逐渐发展成了一种有专门用途的战斗机，用于对地面、水面目标进行轰炸，由此成为一座座"空中堡垒"。除了投常规炸弹外，它还能投掷核弹或发射空对地导弹，具有突击力强、航程远、载弹量大等特点，是航空兵空中突击的主要机种。

轰炸机有很多不同的分类方法。按机载武器可分为核轰炸机、巡航导弹载机和常规轰炸机。按航程分一般可分为三种：3000千米以下的为近程轰炸机，3000千米~8000千米的为中程轰炸机，8000千米以上的为远程轰炸机。

而按载弹量来看，也可分为三种：装载3吨~5吨炸弹的称为轻型轰炸机；装载5吨~10吨炸弹的称为中型轰炸机；能装载炸弹10吨~30吨的，则称为重型轰炸机。

另外，轰炸机还可按作战任务分为两种：用来执行战略轰炸的中、远程轰炸机被称为战略轰炸机，它是战略核力量的重要组成部分，是大当量核武器的主要运载工具之一；而体型较小，用于攻击武装部队、辎重等具体战术任务的，则称为战术轰炸机。

此外，随着轰炸机的特征不断增多，轰炸机还可分为隐身与非隐身、超声速与亚声速、可变后掠翼与非可变后掠翼等很多种。

飞机自被发明之后，为世人带来了很大益处。但由于普通飞机起飞需要滑跑，需要修建

相应的跑道和机场，有着诸多不便。于是，有人开始探索可以进行垂直起落的飞行器。

1939年9月14日，世界上第一架实用型直升机——VS-300直升机终于诞生了，它从而成为现代直升机的鼻祖。

之后，直升机的制造技术发展迅猛，并且很快就被应用于军事方面，装有武器并执行作战任。它们从此或直接参加战斗，或保障战斗行动和军事训练，并与侦察机、战斗机、轰炸机、强击机等，构成了航空兵的主要技术装备，对战略战术和军队组成等产生了巨大影响。

武装直升机亦称攻击直升机或强击直升机，主要用于攻击地面、水面和水下目标，也可与敌直升机进行空战。现代武装直升机可携带反坦克导弹、航炮、火箭、机枪以及炸弹、鱼雷、水雷等武器，可用以攻击地面、水面和空中的坦克、装甲车辆、雷达站、炮兵阵地、通信枢纽、前沿哨所、简易工事、滩头阵地、水面舰船、水下潜艇等点状或面状目标。

由于武装直升机飞行速度快，反应灵活，机动性好，能贴地飞行，隐蔽性和生存力都较好，因此能执行侦察、运输、机降、救护、空中指挥电子战和其他作战任务，被人称为"战场上的多面手"。

轰炸机和武装直升机从诞生之后，便成为抗击侵略、维护和平行动中的重要军事力量，因此也留下了许多可歌可泣的故事。我们在编写《军迷·武器爱好者丛书：轰炸机与直升机》这本书时，选取了世界上100种有名的轰炸机和直升机，从多个角度展现出它们的特点，同时为每种战机配备高清大图，以飨广大武器迷。

目 录
Contents

轰炸机与直升机的历史

轰炸机的历史

飞机在诞生后不久，便遭逢了两次大战，它也顺理成章被应用于军事上。最开始主要用于侦察敌情。但在此过程中，负责侦察任务的飞行员有时也顺便会向敌营甩几颗手榴弹或迫击炮弹，由此形成了"轰炸机"的开端。

世界上第一次空中轰炸，发生在1911年11月1日的意土战争期间。当时意大利的加福蒂中尉奉命驾驶改装过的朗派乐–道比单翼侦察机，在驾驶舱两侧垂直悬挂了几枚重约2千克的榴弹，飞到土耳其军队上空时，飞行员用手取下炸弹向目标扔去。虽然由于精确度很差并未取得多大战果，但却给土军造成了很大的心理恐慌。

这次空中轰炸的影响很大，事后受到了各国军事专家的重视，于是便开始研制专门用于轰炸任务的飞机。

1913年2月25日，俄国的伊戈尔·西科斯基设计的世界上第一架专用轰炸机"伊利亚·穆罗梅茨"首飞成功。它的机身内设置了专门的炸弹舱，并首次采用电动投弹器、轰炸瞄准具、驾驶和领航仪表，装有8挺对地机枪，最多可载弹800千克。

1914年12月，俄国用"伊利亚·穆罗梅茨"二型，组建了世界第一支重型四发轰炸机部队。次年2月15日，这支轰炸机部队首次空袭了波兰境内的德军目标。

▲ 第一次世界大战中英国空军装备的O/400轰炸机

▲ 俄国第一架专用轰炸机"伊利亚·穆罗梅茨"（S-22）在圣彼得堡郊区首飞

▲ 法国的布雷盖 Br.14 轰炸机

　　1915年，意大利人则研制出了"卡普罗尼Ca.32"型三发轰炸机，起飞重量3300千克，可载炸弹850千克，乘员4名，发动机功率73.5千瓦。

　　不过，第一个专门用飞机轰炸特定目标的却是德国。它最初使用"齐柏林"式飞艇分别对比利时、波兰华沙、法国巴黎和英国实施了轰炸，由此拉开了战略轰炸的序幕。轰炸机从此走上了空中战场的舞台。

　　尤其在1917年，德军的轰炸机对伦敦和英格兰南部进行了狂轰滥炸，并且成为杀伤平民的始作俑者。从此，空中战场上也就有了"战略轰炸机"的称号。

　　在第一次世界大战期间，轰炸机得到了迅速发展和广泛使用。不过当时轰炸机的时速不到200千米，载弹量1吨左右，多为双翼机。

　　第二次世界大战（以下简称"二战"）前夕，远程轰炸机在各国受到了不同的重视，由此也使轰炸机在各国的发展速度不同。比如英国一贯重视远程轰炸机的研制，因此先后有"哈利法克斯""兰开斯特"等优秀机型参战。

　　在二战开始时，美国的军用飞机性能仍然落后于其他军事强国，但由于美国的工业和技术基础异常强大，竟然后来居上，研制出了大量一流的作战飞机。

　　美国远程轰炸机中，最有名的是B-17、B-24、B-25和B-29。1941年，美国生产出P-40D驱逐机，上面装有炸弹挂架，能挂炸弹约230千克，用于打击地面目标。后来，美国率先使用"战术轰炸机"（亦称战斗轰炸机）这一名称。

▲ 第二次世界大战著名轰炸机：德国亨克尔 He-111 轰炸机

尤其美国装有4台发动机的重型轰炸机，是二战时期轰炸机发展到新水平的标志，载弹量可达8吨~9吨，航程为2600千米~7000千米，其中尤以B-29最为突出，它是投向广岛、长崎两颗原子弹的载机。

德国一贯只重视战术轰炸机，并且特别迷信俯冲轰炸机，所以一直忽视远程轰炸机的生产。在二战时，德国量产且堪用的重型轰炸机仅有一种He-177。但随着大战局势的发展，当德国征服大部分欧洲后，需要从空中攻击英国和空袭苏联，尤其意识到必须轰炸已搬迁到乌拉尔山区的苏联军工厂时才发现自己竟然没有可用的武器，不过此时再想生产已经来不及了。

日本也有类似情况，但并非它不想研制，而是受到了技术力量和财力的限制。因此，到了1943年时，日本才开始发展出G8N1型"连山"四发重轰炸机，大小、性能和布局都与美军的B-17相似，航程为3950千米，载弹2吨~3吨。但直到1945年战败投降时，也只试制了4架。

第二次世界大战著名轰炸机：美国 B-17 轰炸机

二战结束之后，轰炸机在半个多世纪内继续发展，大体经历了3个时期：

第一时期是20世纪六七十年代，其间的佼佼者包括苏联米亚-4、英国三V轰炸机"胜利""火神""勇士"和美国的B-47、B-52等。

1955年，美国专门设计的战斗轰炸机F-105首次试飞，随后装备部队，1967年又制成F-111。20世纪50年代末，苏联空军开始装备战斗轰炸机。苏联最初也是用战斗机改制的，如苏-7，后来才研制成新型的可变后掠翼的苏-24。

1974年，英国、联邦德国和意大利联合研制的新型战斗轰炸机"狂风"也首次试飞。

这一时期的最大改变体现在发动机上，主要是喷气动力的发展，促使飞机制造技术不断跟进，从而轰炸机也以喷气动力取代螺旋桨动力。就在亚声速轰炸机出现之后不久，苏、美两国就开始研制超声速战略轰炸机。然而要达到超声速便无法满足航程的要求，要达到

航程的要求则无法超声速。由于无法解决速度和航程的矛盾，这一时期的研制都不怎么成功。

与此同时，由于各种制导武器的不断发展，目标的空防能力大大提高，所以这一时期战术轰炸的任务主要交由战斗轰炸机来完成。自卫能力差的轻型轰炸机已不再发展，并且随着战斗轰炸机航程和载弹能力的提高，一些中型轰炸机的任务也可由它来完成。不过在中、远程导弹出现后，战略打击力量交由导弹来完成，战略轰炸机的地位一度急剧下降。

第二时期是20世纪80年代。此时采用了变后掠翼设计，解决了速度与航程的矛盾，超声速战略轰炸机终于成为现实。这一时期的代表是苏联图–160、图–22M和美国B–1B等。超声速战略轰炸机的诞生，使战略轰炸机的突防能力明显增强，打击能力也大大提高。

第三时期是20世纪90年代，主要标志是采用隐身技术的隐身战略轰炸机的出现。美国空军的ATF和海军的ATA项目首先将隐身概念运用到飞机的设计中。这一突破具有重大意义，改变了飞机的作战方式，使包括轰炸机在内的作战飞机迈入一个新时代。隐身战略轰炸机的代表是美国B–2，据称其雷达反射截面积仅有0.3平方米。

在未来的空中战场上，由于空中加油技术与远程空载导弹的普遍化，大型且昂贵的战略轰炸机将会逐渐被中小型的机种和导弹所取代。但这也必然促使轰炸机向多用途发展，使其兼具较强的空战能力和强大的对地攻击能力。比如第三代半战机苏–37、台风、阵风和第四代战机F–22、T–50、歼–20等，基本上都是一机多型，具有多种用途。

更重要的是，随着机载电子设备的不断改进和现代格斗导弹的使用，轰炸机的主要设计趋势，便是用新型材料减少轰炸机散发的各种电磁信号，从而降低其可侦测性。其中一个重要发展方向，或许便是以无人机取代有人机。因为这既可以降低操作成本，减少人员伤亡，又能最大限度地缩小机体，提高机动能力。

▲ 第二次世界大战著名轰炸机：美国 B-24 轰炸机

直升机的历史

人类有史以来就向往着能够自由飞行，在世界各地古老的神话故事中，都有对人类早年飞行梦想的讲述，例如，阿拉伯人的飞毯、希腊神的战车……

而这些梦想的飞行方式，都大同小异，均是原地腾空而起、自由飞翔，并且还能悬停于空中，随意定点着陆。简言之，都是垂直起落的飞行器。

更可贵的是，人们不仅耽于这种飞行的幻想，还在这一时期产生了后世"直升机"的基本思想和原理。最有价值、最具代表性的，或许就是中国古代的玩具"竹蜻蜓"和意大利人达·芬奇的画了。

竹蜻蜓有据可查的历史，记载于中国晋代葛洪所著的《抱朴子》一书中。从书中描述可以看出，竹蜻蜓是利用螺旋桨的空气动力实现垂直升空的，从而昭示了现代直升机旋翼的基本工作原理。

14世纪初，这种玩具传到了欧洲，欧洲人将它作为航空器来研究和发展。"英国航空之父"乔治·凯利（1773—1857）曾制造过几个竹蜻蜓，用钟表发条作为动力来驱动旋转，飞行高度曾达27米。

到了15世纪，意大利全才科学家达·芬奇在他的画中，画出了世界上最早的直升机设计方案图。或许是他仿照了当时的提水机械，并以阿基米德螺线形状的翼面在空气中旋转，从而实现把人垂直提升到空中的构想。

▲ 竹蜻蜓是我国古代一大发明。西方传教士将其称为"中国螺旋"。20世纪30年代，德国人根据"中国螺旋"的形状和原理发明了直升机的螺旋桨。

▲ 达·芬奇直升机模型

▲ 达·芬奇扑翼机

▲ VS-300 直升机

西科斯基

　　不过，由于古代生产力和科技水平低下，实际的直升机当然无法真正实现。但毕竟为后世直升机的发明提供了启示，指出了正确的思维方向。

　　随着生产力的发展和人类文明的进步，尤其是欧洲产业革命之后机械工业的崛起，螺旋桨被应用于汽车和轮船上，为飞行器发动机提供了借鉴。1903年莱特兄弟创造的固定翼飞机滑跑起飞成功后，也曾在发展直升机方面付出了很多的艰辛和努力，但由于直升机技术的复杂性和发动机性能不佳，直升机还仍然是一个美好的梦想——不过却是越来越近的梦想。

　　1930年，俄国工程师西科斯基移居美国，他是个传奇式的人物，曾在1914年便研制成了当时世界上最大的轰炸机。到美国后，他专门针对飞机的起飞、降落方式进行改造。

　　1939年9月14日，西科斯基终于研制成功了世界上第一架实用型直升机——VS-300直升机。VS-300有1副主旋翼和3副尾桨，后来经过多次试飞，将3副尾桨变成1副，这架实用型直升机从而成为现代直升机的鼻祖。

▲ Fa-223 龙式运输直升机

　　直升机研制成功后，最初应用于运输方面，之后由于二战的爆发，它便迅速被应用于军事行动中。从20世纪40年代开始，军方便利用直升机的特点，在机上加装武器。有具体史料记载，1942年（一说1944年），德国在Fa-223运输直升机上加装了一挺机枪。

　　20世纪50年代，美、苏、法等国分别在直升机上加装武器，开始主要用于自卫，后来用来执行轰炸、扫射等任务。

　　与此同时，直升机的动力装置也从最初的活塞式发动机时期逐渐进入了喷气涡轮轴时期，旋翼材料结构技术也从金属木翼混合结构过渡到了金属结构。

　　60年代初，美国在越南战争中大量使用直升机进行运输。由于直升机自身防护能力差，因此损失惨重，于是美军开始研制专用武装直升机。1967年，第一种专门设计的武装直升机AH-1G开始装备部队，投入越南战场中。

▲ AH-1 一出世，就在越南战场上获得青睐

▲ AH-64"阿帕奇"直升机

在这种发展过程中，直至70年代中期，直升机的旋翼材料结构技术也采用了更为先进的玻璃纤维以及新型复合材料。

这一时期，武装直升机中最著名的要数美国的AH-64和苏联的卡-50。AH-64的最大时速为365千米，转场航程约1900千米，机上装一门30毫米口径的航炮。可挂装16枚反坦克导弹、4枚空空导弹或火箭等武器，能执行反坦克、对地攻击和为直升机护航等任务。卡-50是世界上第一种具有弹射装置的武装直升机，即驾驶员遭遇攻击被迫弃机时，能将驾驶员弹出座舱，这时驾驶员降落伞背包打开，使驾驶员能够成功脱险。它的最大时速为350千米，作战半径为250千米，机上可挂装速射航炮、反坦克导弹和火箭弹，也能挂装空空导弹对敌机和巡航导弹进行攻击防御。

随着越来越多的高新技术被逐步应用于战争中，相信武装直升机在未来也必将起到日益重要的作用。

▲ 卡-50"噱头"武装直升机

A-12 SHRIKE

A-12轰炸机（美国）

■ 简要介绍

A-12是美国寇蒂斯飞机公司为军方研制的一种金属单翼轰炸机，目的是取代旧式的A-3和英制DH-4这两种双翼机而研制的，由于当时的英语翻译问题把Shrike音译为"许来克"，也简称其为"许机"。

■ 研制历程

20世纪30年代，美国陆军航空队装备寇蒂斯A-3轰炸机，军方期望以更先进机型取代它。在竞争中，福克公司的XA-7与寇蒂斯公司的XA-8方案被选中。

XA-7原型机于1930年6月试飞，XA-8原型机于1931年年初首飞。最后军方选中XA-8。1931年9月，军方预订13架交付部队进行飞行评估。1933年，美国军方订购46架并确定正式编号为A-12。寇蒂斯公司在完成美国军方订购的同时，亦开发外销机型，为拓展市场，将其细分为侦察、轰炸及攻击三种类型。

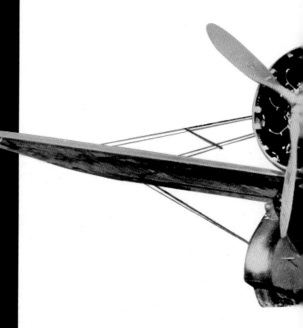

▲ 美国陆军航空队的 A-12 轰炸机

基本参数	
长度	9.83米
翼展	13.41米
高度	2.84米
空重	1768千克
最大起飞重量	2611千克
动力系统	莱特R-1820风冷式发动机
最大航速	285千米／小时
最大航程	521千米

■ 作战性能

A-12轰炸机主要武器为4挺7.62毫米口径勃朗宁固定前射机枪,分装在主起落架整流罩内,枪口可调角度范围,每挺机枪备弹600发。后舱装活动机枪1挺,弹匣5个,备弹100发。驾驶舱后方主油箱两侧各装有N-2炸弹架1组,每组可挂13.6千克杀伤弹5枚,弹舱门无专门开启机构,借投弹时炸弹自身重量开启。在主油箱下方托架外部机腹部位,装有P-1式炸弹架,可挂45.3千克炸弹,或22.6千克化学弹4枚,也可安装烟幕施放箱,或挂一个196.8升的外油箱,这些挂载均可投放或抛掷,紧急时机内主油箱亦可抛下。另在后舱外,可挂2枚照明伞弹。

▲ A-12 轰炸机侧后视图

▲ A-12 轰炸机编队

■ 知识链接

A-12轰炸机在20世纪30年代来说是先进的设计,机身被分成两部分,翼根梁柱和发动机架由钢管焊接而成为一体,翼根下方为固定式起落架,两机轮之间为人字形可调校式连杆连接,左右翼之上也各有人字形可调校式连杆连接到机身,以增加结构强度,后段机身为铝合金制骨架外加薄铝蒙皮,机翼为下单翼,机翼前缘装有滑动式自动升缝翼,翼后部分为襟翼。

A-26 INVADER

A-26 "入侵者" 轰炸机（美国）

简要介绍

A-26是美国生产的一种战斗轰炸机，该型飞机原始设想是用来担负轰炸机、夜间战斗机和对地攻击飞机等职责，但订购的量产型飞机却用于担负对地的轰炸职责。该机从1944年9月开始首次在二战中的欧洲战场和太平洋战场服役。它因在朝鲜战争与越南战争中大出风头而为人们所熟知。

研制历程

1940年，美国陆军航空部队进行了一项招标，征求一种全新的多功能轻型轰炸机，要求该机既能够快速低空攻击，又可以在中海拔高度精确轰炸。

美国陆军航空部队于1941年5月订购了原型机XP-26，要求配备当时新出现的普·惠"双黄蜂"星型发动机，以三种不同款式生产。第一种的特点是安装75毫米口径机枪，第二种则是固态雷达机头、四个一组的20毫米的前向射击武器、上部炮塔另安装4挺机枪，第三种则机头带有光学瞄准装置和两个防御炮塔。

"入侵者"飞机的原型机于1942年7月10日首次升空。这一原型机具有计划中的A-26C衍生型轰炸机的玻璃式机鼻。

第一种进入生产的机型是A-26B，1944年9月服役，最终生产了1355架，接下来的C型生产了1091架。

▲ 美国陆军航空队的 A-26 "入侵者" 轰炸机

基本参数	
长度	15.24米
翼展	18.29米
高度	5.64米
空重	10147千克
最大起飞重量	15876千克
动力系统	两台普·惠 R-2800-27发动机
最大航速	571千米／小时
实用升限	6736米
最大航程	2253千米

■ 作战性能

A-26所安装的机鼻武器配备因批次不同而不同。典型的为6或8挺12.7毫米口径机枪，还有一些携带有舰炮。机枪手通过炸弹舱内的一个进入舱口到达机腹炮塔，并遥控射击背部和腹部的炮塔，每个炮塔内部有两挺12.7毫米口径机枪。在"机枪式机鼻"的C型飞机上，领航员也充当机枪装弹手的角色，以便为机鼻处的武器机枪装弹。

▲ 在二战期间，"入侵者"飞机由于出现太晚而几乎错过了战斗，它被指定在朝鲜战争期间继续服役

■ 实战表现

二战后，与其他双发轰炸机相比，"入侵者"轰炸机在美国空军中发挥了更大作用，它是第一批支援欧洲的北大西洋公约组织的飞机之一，也是新成立的战术空军司令部的基础攻击武器。美国海军也收到140架A-26。在朝鲜战争中，"入侵者"轰炸机随6个中队再次参加了战斗。

■ 知识链接

道格拉斯公司由唐纳德·维尔斯·道格拉斯于1921年7月创建。1924年第一次环球飞行由道格拉斯飞行器公司的飞机完成。其最著名的飞机为DC-3型运输机，这种飞机也被认为是飞行史上最重要的运输机。道格拉斯为美国特别是美国海军制造了大量的飞机，它刚刚建立时为美国海军制造鱼雷轰炸机。

B-1 LANCER

B-1 "枪骑兵" 轰炸机（美国）

■ 简要介绍

B-1轰炸机，代号"枪骑兵"，是美国空军超声速变后掠翼远程战略轰炸机。因为B-1读作"B-One"而常常被昵称为"骨头"（Bone）。B-1能成功突破敌方防御，将防区外发射武器或自由落体武器精确投射到军事或工业目标上，从而对敌方可能发动的核袭击实施有效威慑。B-1B是其主要的改型，亦为美国空军战略威慑的主要力量之一。

■ 研制历程

1969年，美国空军发布了项目需求书，北美航空（后与罗克韦尔公司合并，又被波音公司收购）赢得研制权。1974年，机号74-0158的首架B-1原型机正式出厂。1975年，B-1原型机首飞。1977年，由于美空军战略的改变和高空突防方式不足以应付强大的苏联防空火力网，B-1计划取消。1980年，B-1B项目重启。1984年，第一架B-1B原型机出厂。1986年，开始列装部队。

基本参数	
长度	44.5米
翼展	41.8米
高度	10.4米
空重	87100千克
最大起飞重量	216400千克
动力系统	4台通用F101-GE-102加力涡扇发动机
最大航速	1530千米/小时
实用升限	18000米
最大航程	11999千米

▶ B-1A乘员4人：飞行员、副驾驶、攻击系统官和防御系统官

■ 作战性能

B-1的外形可以减少被雷达探测的可能性，也就是对隐秘性很有利。B-1在平坦的地面上可降低到60米的飞行高度，之所以能有如此超低空的飞行，归功于前方监视雷达和自动操纵装置组合而成的地形追踪系统。它是由机首不断地探测飞行路径上的地形，使机体自动配合起伏升降，和地表维持一定的高度的系统。

B-1B可安装外置武器挂架，每个弹舱舱门外侧可安装一对双联挂架，另外在中部弹舱挂架外侧还可安装一对单挂架，理论上可外挂14件战略武器，但是挂架很少使用。不过，在战略武器限制条约/削减战略武器条约（SALT/START）中，不能外挂多于12件的核武器。而且外挂武器会大大降低飞机的性能，所以B-1B在服役中不使用外部挂架。具有良好的生存能力、突防能力，以及惊人的大载弹量和大航程能力。

▶ B-1B可变后掠角的外翼段变化范围为15°~67°

■ 知识链接

B-1轰炸机飞行性能极佳，在平坦的地面上可降低到60米的飞行高度，之所以能有如此超低空的飞行，归功于前方监视雷达和自动操纵装置组合而成的地形追踪系统。它是由机首不断地探测飞行路径上的地形，使机体自动配合起伏升降，并和地表维持一定的高度。飞行高度可定出60米、90米、120米、150米、225米、300米等六个阶段。

B-2 SPIRIT
B-2 "幽灵" 隐形轰炸机（美国）

■ 简要介绍

B-2轰炸机，代号"幽灵"，是美国的一种隐形战略轰炸机，是当今世界上唯一一种隐身战略轰炸机，最主要的特点就是高隐身能力，能够安全地穿过严密的防空系统进行攻击。B-2的隐身并非仅局限于雷达侦测层面，也包括降低红外线、可见光与噪声等不同信号，使被侦测与锁定的可能降到最低。每次执行任务的空中飞行时间一般不少于10小时，美国空军称其具有"全球到达"和"全球摧毁"能力。

■ 研制历程

20世纪70年代，当时冷战正酣，苏联大力发展各种中远程防空导弹和高空高速国土防空拦截机，如S-300（萨姆-10）全空域防空导弹系统和米格-31高空超声速拦截战斗机等。为能隐秘地突破苏联防空网，寻找并摧毁苏军的洲际弹道核导弹发射基地和其他重要战略目标，美国空军提出要制造一种新的战略轰炸机。

▲ 正在空中加油的 B-2

基本参数	
长度	21米
翼展	52.4米
高度	5.18米
空重	71700千克
最大起飞重量	170600千克
动力系统	4台F118-GE-100涡轮风扇发动机
最大航速	1164千米/小时
实用升限	15200米
最大航程	11100千米

1980年9月美国空军颁布了ATB的方案征询书（RFP），由于该项目在成本和技术方面存在严峻的挑战，所以空军鼓励航空航天企业间进行合作。于是出现了两大竞争阵营——洛克希德和罗克韦尔团队，诺斯罗普、波音和凌-特姆科-沃特（LTV）团队。

1981年10月20日，美国空军宣布诺斯罗普成为ATB合同的赢家，飞机编号B-2，并签订了6架试飞用机和两架静态测试机的初始合同，外加127架生产型轰炸机的意向订货。

1989年7月原型机首飞，1997年4月首批6架B-2轰炸机正式服役。

■ 作战性能

B-2轰炸机的两个旋转弹架能携带16枚AGM-129型巡航导弹，也可携带80枚MK82型或16枚MK84型普通炸弹或36枚CBU-87型集束炸弹，使用新型的TSSM远程攻击弹药时携弹量为16枚。当使用核武器时可携带16枚B63型核炸弹。此外AGM-129型巡航导弹也可装载核弹头。2002年2月B-2增加了使用联合防区外空对地导弹JASSM的能力。B-2具有超强的隐身能力与远距离续航打击能力。

◀ B-2A 的乘员编制两名，并列坐在 ACEII 弹射座椅上，飞行员在左侧，任务指挥官在右侧。

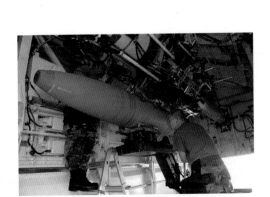

▲ 一枚 910 千克的炸弹被安装在 B-2 炸弹舱的旋转发射器上

■ 知识链接

B-2隐形轰炸机中央机身的深度需要足以容纳座舱和弹舱，但长度却要尽量缩短以避免在高亚音速时产生过多的阻力。B-2在高亚音速飞行时，厚厚的超临界翼型将机翼上表面的气流速度加速至超音速。除了尾喷口后的区域外，B-2整个飞翼后缘布置有9块大型的操纵翼面。最后方的"海狸尾"是一整块可动控制面，用于在低空飞行时抵消因垂直阵风引起的颠簸。

MARTIN B-10
B-10轰炸机（美国）

简要介绍

    B-10轰炸机是美国生产的一种全金属单翼轰炸机，它出场时是世界上最为先进的轰炸机，集20世纪30年代初期最先进科技于一身，其速度、防御力、载弹量、火力等各方面优异的性能，令美国陆军航空队与各国军事观察家大为震惊：它的速度是当时所有轰炸机的1.5倍以上，甚至比大多数的双翼或高肩翼单座战斗机更快、更敏捷。其设计思想十分经典，给后来轰炸机的研制以巨大启示。

研制历程

    B-10轰炸机由美国格伦·马丁公司自行研发，马丁公司认为提供给乘员充足的防弹保护和更流线的造型以提高速度、增高升限才是一架轰炸机的当务之急。不过为了要弥补全封闭式机舱带来的视野受限问题，马丁公司把驾驶舱刻意做成凸出的球状玻璃罩，以增广驾驶员的视野。

    原型机XB-10于1932年公开展示时，引起巨大轰动。1934年11月开始进入部队服役。

    不过，随着B-17、B-18推出，该机便日显落后了，1942年退出现役。

▲ B-10轰炸机在出场时曾是世界上最为先进的轰炸机

基本参数	
长度	13.6米
翼展	21.5米
高度	4.7米
空重	6680千克
最大起飞重量	7440千克
动力系统	怀特R-1820-33改良型发动机
最大航速	346千米/小时
实用升限	7380米
最大航程	1370千米

■ 作战性能

　　B-10系列的外形异常古怪，最明显的就是其"大腹便便"，其次就是突出的"下巴"，两个分离的驾驶舱也凸出于机背，看起来像外星怪物。但是，B-10系列的设计在当时是革命性的。它是第一种批量生产的全金属结构轰炸机，并采用了变距螺旋桨、整体油箱、高效率襟翼、炸弹内置、可收放起落架等先进技术和设计，使其速度超过当时任何一种轰炸机并能够与当时的战斗机匹敌。

▲ B-10 机群正在投弹。B-10 可携带炸弹 1025 千克

■ 知识链接

　　B-10轰炸机在出场时，曾是世界上最为先进的轰炸机，它比双翼驱逐机要快上1.5倍，并比当时其他的战斗机都飞得快。虽然B-10开创了新的轰炸机时代，但20世纪30年代快速发展的轰炸机设计，却让此型轰炸机在美国参加第二次世界大战之前，即成为了一种过时的机种。

B-17 FLYING FORTRESS

B-17 "空中堡垒" 轰炸机（美国）

■ 简要介绍

　　B-17轰炸机，代号"空中堡垒"，是美国的一种重型轰炸机，也是世界上第一架全金属机身的4发轰炸机，采用下单翼常规气动布局，恒速螺旋桨发动机。该机与当时其他轰炸机比较，体积大、速度快、航程远，是二战初期美军的主要战略轰炸机。在二战中各型B-17轰炸机的投弹量占美军全部投弹总数的40%，高达64万吨。

■ 研制历程

　　1934年2月美国陆军航空队提出了一种能装载2000千克炸弹以322千米的时速飞行8045千米的轰炸机的设计招标，新轰炸机可以横越美国东西两个大洋。该招标被称为"A计划"。后来发现不现实，又降低了要求。

　　波音公司获得招标后开始研制，1935年7月28日，波音-299样机在西雅图首飞。1937年8月初始型号Y1B-17交付。到1944年8月，美国陆军航空军至少已有33个B-17轰炸机大队部署在海外作战。随后的B-17E、B-17F和B-17G型陆续改进，其中B-17F型生产了3405架，B-17G型生产了8680架。到1945年4月各型B-17轰炸机共生产了12731架。

▲ B-17 轰炸机是世界上第一架全金属机身的 4 发轰炸机

基本参数	
长度	22.7 米
翼展	31.6 米
高度	5.8 米
空重	24900千克
最大起飞重量	32720千克
动力系统	4台莱特GR-1820-97发动机
最大航速	438千米 / 小时
实用升限	10700 米
最大航程	2980千米

■ 作战性能

　　该机在当时世界轰炸机中首次采用装配4台螺旋桨发动机的新型设计方案,首次全机采用金属结构和流线型外形,首次在轰炸机中设置了机炮炮塔,增强了空战自卫能力。B–17轰炸机在机头、机腹、机背、机尾和机身两侧都设有水滴形机枪炮塔,能对空中各个方向进行射击,具有突出的空中火力。

■ 实战表现

　　1942年8月17日,第97轰炸机大队的18架B–17E进行了对欧洲大陆的第一次空袭,目标是德国控制的法国卢昂–索特威尔的铁路调度场。其中12架实施了轰炸,其余6架在法国海岸上空佯动。第8轰炸机司令部司令艾拉·埃克准将亲自参与行动。轰炸机编队由英国空军的喷火战斗机护航,没有遇到德国空军拦截。

■ 知识链接

　　1948年以色列建国后不久,以色列政府通过中介从民间市场秘密购买了4架B–17。这些飞机进行了飞越大西洋的回国之旅,但是其中一架在葡萄牙亚速尔群岛降落加油时被扣留,其余3架设法在捷克安装了机枪和炸弹,在飞回以色列的途中对埃及目标进行了轰炸。最后这3架B–17顺利抵达以色列并参加了1948年第一次中东战争和1956年第二次中东战争。

B-18 BOLO

B-18 "博罗" 轰炸机（美国）

简要介绍

B-18轰炸机，代号"博罗"，是美国的一种中型轰炸机，是基于其DC-2被开发的，以取代B-10。在20世纪30年代末和40年代初服役于美国陆军航空队团和加拿大皇家空军。到1940年，它被认为力量不足，没有足够的防御武器，携带的炸弹量少。许多飞机在1941年12月日本袭击珍珠港和菲律宾期间被毁。

研制历程

1934年，美国海军陆战队司令部需要一种在载弹量和航程上都优于B-10的轰炸机。美国海军陆战队司令部对各个竞标公司的要求是在1935年拿出原型机。最终胜出的是道格拉斯飞机公司的设计方案。

1936年1月被定型为B-18，随后立即开始量产。到了1942年B-17开始接替B-18成为一线轰炸机。此时大约有122架B-18在安装了磁性探测器后在加勒比海上成为反潜巡逻机，该型号为B-18B。还有一部分B-18被用作运输机，编号为C-58S。

▲ 1942年，B-18幸存者被降级为反潜机或运输机

基本参数	
长度	17.63米
翼展	27.28米
高度	4.62米
空重	7403千克
最大起飞重量	12552千克
动力系统	两台怀特R-1820-53发动机
最大航速	346千米/小时
实用升限	7285米
最大航程	1937千米

■ 作战性能

B-18的机组包括驾驶员、无线电操作员、后射手以及观察员、投弹手、前射手。座舱盖偏向机身轴线左侧,机头为花房式,可以为观察员提供良好的视野。该机的自卫火力比较贫弱,仅装有3挺13.2毫米口径机枪(每挺备弹300发),其中飞行员控制位于机身右侧的固定式前射机枪,无线电操作员和投弹手则各自负责1挺后射机枪。

▶ B-18 在 1941 年 12 月日本袭击珍珠港和菲律宾期间被摧毁很多

■ 服役情况

1941年日本攻击珍珠港时,驻扎在珍珠港的33架B-18A中的多数都被摧毁了。到了1942年B-17开始接替B-18成为一线轰炸机。此时大约有122架B-18在安装了磁性探测器后在加勒比海上成为反潜巡逻机,该型号为B-18B。还有一部分B-18被用作运输机C-58S。加拿大皇家空军也接收了20架B-18AS,作为海面巡逻机使用。还有B-18C两种改装配置的反潜巡逻机。

▲ B-18 被认为力量不足,没有足够的防御武器,携带的炸弹量少

■ 知识链接

美国海军陆战队(USMC),是美国五大独立军种中的一支两栖突击作战部队,其主要的职责是利用美国海军下属的所有舰队船只,以最快速度抵达全球每个危机发生地执行各种战斗任务,是能单独进行各种训练作战任务的军种。其发展可以追溯到在美国独立战争时期的殖民地海军陆战队,最初成立于美国的东海岸城市费城。

B-24 LIBERATOR
B-24 "解放者" 轰炸机（美国）

■ 简要介绍

　　B-24轰炸机，代号"解放者"，是美国研制的远程轰炸机。它是二战时美国生产得最多的大型轰炸机，同时也是使用得最多的轰炸机，多达19000架的产量，确立了它在飞机发展史上的地位。B-24"解放者"轰炸机不仅是在欧洲，同时也是在非洲、亚洲广大海空战场的"空中霸王"。在二战期间，B-24与B-17对德国投下大量炸弹，是人类战争史上持续时间最长、战斗最激烈的一场空袭作战行动。

■ 研制历程

　　B-24轰炸机是由波音公司设计并于1935年首飞，其改进颇多，B-24D是第一种大批生产的型号，共交付2738架，随后有G、E、H、J、L、M等型，生产数量从数百架到数千架不等，其中B-24J根据租借法案在英国生产了6678架。1942年8月后，其他军种还在B-24D的基础上改装出反潜轰炸机、全程护航机、侦察机、运输机、要员专机、教练机、油料运输机等特殊机型，甚至改装成战斗轰炸机使用，致使B-24的总产量达到了19000多架。

▶ B-24的乘员有10人，分别是：机师，副机师，飞行工程师，轰炸手，领航员，无线电员，侧炮手（二人），上方炮手，尾炮手

▲ 同盟国军队飞行员会在机身前部画上各种图片

基本参数	
长度	20.22米
翼展	33.53米
高度	5.46米
空重	16556千克
最大起飞重量	29500千克
动力系统	4台普·惠R-1830-65 "双黄蜂" 发动机
最大航速	467千米/小时
实用升限	8500米
最大航程	6000千米

■ 作战性能

　　B-24最初是被作为海军轰炸机来设计的,然而1942年至1945年期间对德国工业的轰炸证明其是一种非常优异的战略轰炸机。B-24有一个实用性极强的粗壮的机身,其上下前后及左右两侧均设有自卫枪械,构成了一个强大的火力网。机头有一个透明的投弹瞄准舱,其后为多人制驾驶舱,再后便是一个容量很大的炸弹舱,可挂各种炸弹。B-24采用双垂尾,形状为竖椭圆形,前三点起落架可收入机内。B-24给人一种坚实拙朴的印象,故当时又获得了一个非正式的雅号"舱门板"。

■ 实战表现

　　B-24轰炸机和B-17轰炸机一起,同样成为对德国进行大规模战略轰炸的主力。B-24参与了对汉堡、柏林、法兰克福、鲁尔等重要地区的轰炸战役。最著名的一次战役是B-24机群大规模远程空袭普洛耶什蒂油田,给德国的能源供应造成了极大的破坏。

■ 知识链接

　　B-24轰炸机是一种介于B-17轰炸机和B-29轰炸机之间的重型轰炸机。相比B-17轰炸机,B-24轰炸机载弹量更大,载弹航程更远,载弹升限也更高,速度稍快,但在操纵性、稳定性和抗损性上,B-24轰炸机则略显不足,所以B-24轰炸机没有B-17轰炸机那样以大规模空袭作战闻名。

　　▲ B-24 的生产车间, B-24 是第二次世界大战时美国生产得最多的大型轰炸机, 同时也是使用得最多的轰炸机

B-25 MITCHELL
B-25 "米切尔" 轰炸机（美国）

■ 简要介绍

　　B-25轰炸机，代号"米切尔"，是美国研制的一种中型轰炸机，主要由美国空军配备，美国海军也有配备，以对付太平洋上的日本。通过租借法案，英国皇家空军、苏联空军及澳大利亚、荷兰等地也有为数不少的美国B-25轰炸机。B-25轰炸机综合性能良好、出勤率高而且用途广泛。由于它在二战中参加了空袭东京的战斗，出色地完成了任务，成为全世界的明星战斗机。

■ 研制历程

　　1938年3月，美国空军提出了对双发中型轰炸机的最低要求：载弹544.3千克、航程1931.2千米、速度大于321.8千米/小时。波音、麦道、贝尔以及北美航空公司出标，最后北美航空公司中标。

　　1939年1月第一次试飞的时候，刚好美国陆军航空队展开中型轰炸机的竞标，北美航空公司修改设计。

　　1940年8月19日，第一架量产的B-25进行首次试飞。从1941年12月到1943年5月间，北美航空公司制造了1619架B-25C轰炸机，这是第一种大批量生产的型号。

▲ 一架 B-25 从"大黄蜂"号航空母舰起飞，去执行轰炸东京的任务

基本参数	
长度	16.13米
翼展	20.6米
高度	4.88米
空重	8836千克
最大起飞重量	15876千克
动力系统	两台莱特R-2600-92 "旋风" 发动机
最大航速	438千米/小时
最大航程	2173千米

■ 作战性能

　　B-25轰炸机机身两侧固定安装4挺勃朗宁12.7毫米口径机枪，机头两挺安装在活动底座上，背部、尾部和腰部炮塔各两挺，炸弹舱中最大可携带1361千克炸弹。像其他二战中的美国轰炸机一样，B-25的发展也是遵循着更多武器、更多装甲、安装自封油箱这条路线来发展的，因此造成了飞机越来越重。发动机最终不堪重负，导致性能受到影响。

■ 实战表现

　　B-25轰炸机在二战中被应用于吉米·杜立特策划的对日本本土的轰炸。1942年4月2日，载有16架B-25的轰炸机"大黄蜂"号航空母舰从加利福尼亚出发。但是4月18日在距离日本约1300千米海域处，被日本巡逻艇发现，航空母舰不能继续前行，杜立特决定提前起飞。8时18分，杜立特第一个起飞并成功。剩下15架B-25也在9时21分前陆续成功起飞。他们采取单机跟进的纵队，于12时30分飞临日本上空并投掷炸弹。

▲ B-25H 的前置武器

■ 知识链接

　　B-25的代号"米切尔"，这是为了纪念威廉·米切尔（1879—1936），他是美国重要的早期空军战略家和空军倡导者之一，米切尔和意大利人杜黑、英国人特伦查德被视为空中战争理论的三位先驱。相对于系统阐述空军理论的杜黑而言，米切尔所起的作用并不是一位有创见的思想家的作用，而是一位行动家和实践家的作用。他懂得如何掌握运用空军的基本原理，并使这些原理发挥作用。

B-26 MARAUDER

B-26 "劫掠者" 轰炸机（美国）

简要介绍

B-26轰炸机，代号"劫掠者"，是20世纪40年代初期美国生产的一种中型螺旋桨发动机轰炸机。该机是二战中美国最受争议的机型之一。由于翼载偏高，着陆速度过大而频繁引发训练事故，因而恶名不断，为此它在服役中曾面临4次停产的局面，但每一次都能化险为夷。实际上B-26是欧洲战场上陆军航空队最重要的中型轰炸机，到1944年航空队发现B-26是欧洲战场上战损率最低的美军飞机，每百架次出击损失少于1.5架。

研制历程

1939年3月11日，美国航空队颁布39-640号需求书，向工业界寻求新型中型轰炸机。军方收到了马丁、道格拉斯、史提曼和北美4家飞机公司的回应。最终马丁公司的设计方案赢得青睐，并获得了201架飞机订单。

然而，由于制造商采用了高翼载，导致一开始新手驾驶员很难安全地驾驶这种飞机，于是该机被人戏称为"寡妇制造者"。从第641架B型机开始，马丁公司通过配备更大的翼展和更高的尾翼来改进这款轰炸机的操纵性。在经过改进后，已得到很大的改善，坠毁率已降到正常水平，不过人们仍喜爱称它为"寡妇制造者"。

▲ B-26 炸弹舱中最大可携带 1814 千克的炸弹

基本参数	
长度	17.09米
翼展	21.64米
高度	6.2米
空重	11476千克
最大起飞重量	17327千克
动力系统	两台普·惠R-2800-43 "双黄蜂" 发动机
最大航速	455千米 / 小时
最大航程	1770千米

■ 作战性能

B-26在服役期间数度改进以减小着陆速度，但始终高达210千米/小时左右的接地速度仍伴随各种改型。除此之外"劫掠者"并没有特别恶劣的飞行特性，且单发性能特别好。尽管在一段时期内B-26被认为是十分危险的飞机，以至于机组人员竭力避免被分配到B-26单位，平民渡运飞行员甚至拒绝驾驶"劫掠者"转场，但最后军方终于向这些人证明如果机组经过充分的训练并正确操作之后，B-26可以飞得很安全。与B-25相比，B-26对机组的要求更高，一旦机组驯服了这匹"烈马"之后，"劫掠者"会表现出同级别其他机型所无法匹敌的优势。

▶ B-26 的乘员有 7 人

■ 知识链接

与B-25轰炸机相比，B-26轰炸机有更快的速度、更大的载弹量，但生存能力较差，甚至被冠以"寡妇制造者"的绰号。在早期的使用中，B-26轰炸机的坠毁率较高，好在经过改进后，问题得到较大改善，坠毁率降到了正常水平。

▲ B-26 轰炸机的机身为半硬壳铝合金结构，由前、中、后三段组成，其中带有弹舱的机身中段与机翼一起制造

B-29 SUPERFORTRESS
B-29 "超级空中堡垒" 轰炸机（美国）

■ 简要介绍

    B-29轰炸机，代号"超级空中堡垒"，是美国生产的四发动机重型螺旋桨轰炸机，是二战期间美国陆军航空队在亚洲战场的主力战略轰炸机。它不单是二战时各国空军中最大型的飞机，同时也集各种新科技的先进武器于一身，被称为"史上最强的轰炸机"。它是二战末期美军对日本城市进行焦土空袭的主力。向日本广岛和长崎投掷原子弹的任务亦是由其完成。

▶ B-29 可以装载 907 千克的航空炸弹

■ 研制历程

    早在美国卷入二战以前，美国陆军航空队司令亨利·阿诺德便希望能够发展一种长距离战略轰炸机，应付可能需要对德国作出的长程轰炸。波音公司以非常成功的B-17为蓝本，设计出划时代的XB-29。1941年5月，美国军方决定向波音公司订购250架B-29，另外准备再订购250架。当时每架B-29售价60万美元，订单总值达3亿美元。作为各种飞机中体积最大、重量最高、翼展最宽、机体最长以及速度最快的B-29，在接受订单时其实只做过风洞试验，尚未真正试飞。B-29计划因而有"30亿元赌博"之称。1943年实现首飞并很快生产服役。

▲ B-29 被称为"史上最强的轰炸机"

基本参数	
长度	30.18米
翼展	43.05米
高度	8.46米
空重	33800千克
最大起飞重量	60560千克
动力系统	4台莱特R-3350-23超级增压星型发动机
最大航速	574千米/小时
实用升限	10200米
最大航程	9010千米（转场）

■ 作战性能

B-29轰炸机性能优异,从现在眼光来看,没什么新奇之处,但在当时是一个划时代的研制成果。为了提高其性能,机身的流线型达最高境界,为了多装炸弹,不惜牺牲机身设计的其他功能。B-29装了4台活塞式发动机,动力充足,速度高,每台发动机承载的炸弹重量是当时的新世界纪录,并能飞越太平洋,直接轰炸日本本土。

▶ 1944年,威奇塔工厂生产线上的B-29

■ 知识链接

B-29的作战飞行高度,通常能接近万米,因为外界气温为零下50摄氏度,再加上全增压乘员舱设计,无法使用人来操控炮塔,所以采用了遥控炮塔系统。机身上一共安装了5个炮塔,机身背部前后各一个,腹部前后各一个,最后一个是尾炮塔,每个炮塔装备12.7毫米机枪两挺,尾炮塔再增加一门20毫米炮。

B-32 DOMINATOR
B-32重型轰炸机（美国）

简要介绍

B-32轰炸机是美国联合公司为争夺美国陆军航空队的重型轰炸机订单而设计制造的一种重型轰炸机，开始代号为"统治者"，后被取消。它最终输给了波音公司的B-29重型轰炸机，只有小批量装备部队。在二战中的最后几个星期内参加几个作战行动。虽然它短暂的作战经历不引人注目，但却参与了对日的最后轰炸。作为不可一世的B-29的竞争者，B-32无论是在威名、战绩、生产数量上，都远远不如B-29，战后更是惨遭拆毁，无一幸存。

研制历程

1940年1月，美国陆军颁布了"超级轰炸机"的一系列正式设计需求，波音、联合、道格拉斯和洛克希德公司竞标。6月27日，陆军与上述4个厂商签订了预研合同，并按照优先级赋予型号，波音XB-29、洛克希德XB-30、道格拉斯XB-31、联合XB-32。洛克希德和道格拉斯公司先后退出。

1940年8月24日，陆军向波音公司定购了两架XB-29原型机，同时也向联合公司定购了两架XB-32原型机。

XB-32于1942年9月7日在圣迭戈林德伯格机场首飞，和波音公司一样，联合公司也因XB-32的遥控武器系统和增压座舱受到了初飞期的困扰。问题一直无法解决，因此迟至1944年11月，B-32才进入现役。B-32只生产了115架。另外40架TB-32是教练机配置，用作教练机。

基本参数	
长度	25.32米
翼展	41.15米
高度	9.8米
空重	27341千克
最大起飞重量	55905千克
动力系统	4台莱特R-3350-23发动机
最大航速	574千米/小时
最大航程	6114千米

■ 作战性能

B-32的背部和腹部炮塔各配备上了4挺12.7毫米口径机枪，后向火力不是布置在机尾，而是在外侧发动机短舱尾部，各安装一对12.7毫米口径机枪和一门20毫米口径机炮，由机身和尾部的瞄准站进行遥控操纵。除此之外，机翼前缘螺旋桨外侧内还固定安装了两挺12.7毫米口径机枪。

▲ B-32 生产车间

▲ B-32 败给了波音公司的 B-29 重型轰炸机设计方案，只有小批量装备部队

■ 知识链接

1945年5月29日，B-32参与了首次作战任务，目标是吕宋岛卡加延河谷的一个日军补给仓库。3架B-32参与了行动，其中一架遭遇故障起飞受挫，另外两架顺利抵达目标，没有遭遇敌方火力攻击。两架飞机在3000米高度投下炸弹，安全返航。在这些任务中，B-32仅遭遇一些高射炮的盲目射击。

B-34 LEXINGTON

B-34 "列克星顿" 轰炸机（美国）

■ 简要介绍

B-34轰炸机，代号"列克星顿"，是美国的一种中型轰炸机。它飞行速度快，载弹量适中，且航程较远，但是飞行空域低。该机在装备过程中一波三折。起初是英军将B-34轰炸机用作巡逻机，结果以大败告终。最终，美国海军将B-34轰炸机用于海上巡逻反潜，表现不错，总算英雄有了用武之地。

■ 研制历程

1940年，美国洛克希德公司设计的新轰炸机方案被英国皇家空军采纳，命名为"文图拉"巡逻机。因为有A-29轰炸机的前例，皇家空军一口气就采购了188架，这些战机于1942年陆续交付皇家空军使用。后来，英国皇家空军订购了487架"文图拉"巡逻机，但是在接受了130多架飞机后，取消了该机的订购计划。于是美国陆军航空大队将其购置来装备自己，并命名为B-34轰炸机。

▲ B-34 轰炸机采用中机翼单翼设计，每侧机翼装载一台发动机，机尾采用双垂直尾翼设计，以水平尾翼获平衡机身状态

基本参数	
长度	15.81米
翼展	19.96米
高度	3.63米
空重	9161千克
最大起飞重量	14097千克
动力系统	两台普·惠R-2800-31"双黄蜂"发动机
最大航速	499千米/小时
最大航程	2656千米

■ 作战性能

　　B-34轰炸机在设计上虽然带有通用轰炸机的思路，但是在实战中，它并不适合执行昼间低空轰炸任务，因为它的装甲比较薄，且结构强度低，容易遭受来自地面火力的打击。正因为如此，英国皇家空军才取消了绝大部分B-34的订单。不过在其他方面，B-34轰炸机还是做得很不错的。它的飞行航程远，这意味着如果它以较慢的速度飞行的话，在空中的耐久时间就长，可达10小时，因此作为海上巡逻机的话，性能足以满足要求。

▲ B-34 驾驶舱较大，可容纳 6 名乘务组人员，包括飞行员、随机工程师、导航员、瞄准投弹手、无线电话务员和机背射手

■ 知识链接

　　1912年阿伦·洛克希德和马尔科姆·洛克希德兄弟在加利福尼亚州圣塔巴巴拉市创建了Alco水上飞机公司，后该公司更名为洛克希德飞行器制造公司。1934年罗伯特·格罗斯成为新公司的主席并把公司改名为洛克希德公司。整个二战期间洛克希德公司共生产了19278架飞机，占当时美国飞机制造总量的60%。公司在1995年与马丁·玛丽埃塔公司合并，并更名为洛克希德·马丁公司。

B-36 PEACEMAKER
B-36 "和平缔造者" 轰炸机（美国）

▣ 简要介绍

B-36轰炸机，代号"和平缔造者"，是美国生产的一种战略轰炸机，是按1941年10月美国空军提出的发展比B-29更大、航程更远的战略轰炸机的要求而设计的。在B-52服役前，B-36就在起飞重量、载弹量、续航力及滞空时间等多个领域保持着冠军的称号，是美国空军远程战略轰炸威慑力量的中流砥柱。

▣ 研制历程

1941年年初，当德国空军狂舞于欧陆上空之际，英国虽在不列颠之战中，暂时遏止了德国空军的入侵，但岌岌可危的英伦三岛，随时仍有沦入轴心国的可能，如果美国介入欧洲战场，英伦三岛沦陷，则失去攻击德国占领下欧洲的前进基地。为了避免这种情况发生，同年4月由美国陆军航空队（USAAF）提出"超级巨人机"的初步构想，发展一种可自美国北部或加拿大基地起飞，直接轰炸含柏林在内的作战半径战略目标，往返大西洋两岸之间，而无须空中加油的长程重型轰炸机。

1941年10月，美国陆军航空队经过对康维尔、波音和诺思罗普等几家飞机公司提出的设想进行筛选，最后决定由康维尔公司进行洲际轰炸机研制，新飞机编号B-36。

然而，由于日本偷袭珍珠港及英国转危为安的局势发展，美国航空部门不得不将主要资源用于B-17、P-51等战机的生产，B-36的研制进度被耽搁。直到战争结束整整一年之后，原型机XB-36才开始试飞。1947年8月30日，首架生产型B-36正式服役。

基本参数	
长度	49.4米
翼展	70.14米
高度	14.26米
空重	72051千克
最大起飞重量	186000千克
动力系统	6台普·惠R-4360-53活塞发动机+4台通用J47涡喷发动机
最大航速	707千米/小时
实用升限	13700米
最大航程	16000千米

■ 作战性能

B-36轰炸机为全金属结构，圆形横截面。机身前部有透明机头罩，炸弹舱在机身中部。B-36的前部，可容纳导航员、轰炸员、雷达操纵员和机鼻炮手。可收放前三点式，主起落架为四轮小车式，单减震支柱，向内收入机翼。前起落架装两个轮子，向前收入机身。驾驶员和轰炸员座舱和后机身乘员座舱的射击瞄准器都用热气防冰和防霜。

在当时的飞机当中，B-36是绝对的"空中巨无霸"，最大起飞重量高达186000千克，相当于3架二战时期最大的轰炸机B-29。它的10台发动机能产生44000马力功率，相当于9部火车头或400辆军用卡车。其装载的燃油足够一个内燃机车头绕地球行驶10圈。它的高空除冰系统能为一个拥有600间客房的饭店提供足够的暖气。其最大航程达到惊人的16000千米，地球上几乎没有目标不处于其打击范围以内。

◀ B-36上部或下部炮塔，配有两个M-24A1 20毫米口径加农炮

▲ B-36 的生产车间

■知识链接

B-36炸弹舱分为四段，容积为348立方米，载弹量为38140千克。可携带GAM-63"流氓"导弹，该导弹重5902千克，长9.46米，能携带1362千克的核弹头飞行160千米。6个活动的遥控炮塔，每个炮塔上装有20毫米口径的双管机炮。另外在机头炮塔和由雷达操纵的尾部炮塔上还各装两门20毫米口径的机炮。

B-45 TORNADO

B-45 "龙卷风"轰炸机（美国）

简要介绍

B-45轰炸机，代号"龙卷风"，是美国空军装备的第一种喷气式轰炸机，也是第一种具有空中加油能力和核弹投放能力的喷气式飞机。B-45轰炸机在20世纪50年代初期到中期曾是美国核威慑力量的重要组成部分，但由于核弹运送能力相当有限，迅速被更先进的B-47取代。因此，B-45在1959年便退役了。

研制历程

1944年，美国陆军航空队得知德国开始发展让人生畏的喷气式轰炸机，于是向航空工业界提出招标，发展一系列全新的喷气式轰炸机。

1944年，北美航空回应陆军部招标，提交了NA-130设计。1944年9月8日北美获得合约，发展3架基于NA-130的验证机，型号XB-45。还有3家公司也同时获得类似合同，分别是康维尔公司XB-46、波音公司XB-47和马丁XB-48。

随着二战的结束，许多武器研发计划或被取消或被推迟，但陆军部深感发展喷气式轰炸机之重要，所以并未波及。1946年，由于与苏联的关系不断紧张，军方给予喷气式轰炸机的研发高优先级。为了尽快获得新型轰炸机，军方最终只选取了XB-45。

第一架XB-45于1947年3月17日在爱德华兹空军基地进行了首飞。第1架B-45于1948年12月装备战略空军司令部。

基本参数	
长度	22.96米
翼展	27.14米
高度	7.67米
空重	20726千克
最大起飞重量	49900千克
动力系统	4台通用J47-GE-13涡轮喷气发动机
最大航速	920千米/小时
实用升限	14100米
最大航程	1610千米

■ 作战性能

B-45采用梯形垂尾，平尾有很大的上反角以避开发动机尾气。其电子系统包括自动驾驶仪、轰炸导航雷达和火控系统、通信设备、紧急飞行控制设备等。机尾有两挺12.7毫米口径的机枪，备弹22000发。两个弹舱能携带最大12485千克弹药或一枚重9988千克的"大满贯"低空战略炸弹，或两枚1816千克的核弹。B-45初出来时性能引人瞩目，但是波音公司的B-47轰炸机开始服役后，B-45的性能便相形见绌。

▲ B-45 的乘员有 4 人，分别是飞行员、副驾驶员、导航员和尾枪手

▲ B-45 参加过朝鲜战争。改进后的 RB-45 在冷战期间对许多社会主义国家进行过机密的图像侦察

■ 知识链接

1950年朝鲜战争爆发，美国空军决定让B-45担负起对假想中入侵西欧的苏军进行战术核攻击的任务，但B-45在设计伊始就没有考虑过要挂载核弹。1950年12月，空军参谋部决定首先将9架B-45进行核改装。改装随后升级为"弩工"计划，共改装40架，这些飞机装备驻英国的第47轰炸机联队。

B-47 STRATOJET

B-47 "同温层喷气" 轰炸机（美国）

简要介绍

B-47轰炸机，代号"同温层喷气"，是美国也是世界上第一种实用的喷气式战备轰炸机，是第一种大规模生产的后掠翼轰炸机，它是20世纪50年代美国战略空军司令部轰炸力量的主要支柱。到1957年2月停产，美国空军共接受了2041架。共有1306架B-47配属于战略司令部，另外还有250架RB-47配属于战略司令部。一度有近1800架配属战略空军服役，这是非常罕见的。

研制历程

1944年12月17日，美国陆军航空队对喷气式轰炸机提出要求：航程为5631千米，实用升限为13725米，最大时速为885千米。北美公司、康维尔公司、波音公司和马丁公司分别获得单独的合同进行第一阶段的研究，分别为XB-45、XB-46、XB-47和XB-48。

1945年5月德国战败后，波音公司的工程师在德国的航空技术研究所里发现了后掠翼飞机图纸和风洞试验数据等资料。于是波音公司在德国人资料的基础上提出了机翼采用35°后掠角的方案——XB-47。

1947年12月17日，B-47原型机首飞成功。1948年投产。1951年夏开始交付部队服役。1967年年底退役。

▲ B-47是美国也是世界上第一种实用的喷气式战略轰炸机

基本参数	
长度	32.65米
翼展	35.37米
高度	8.54米
空重	35867千克
最大起飞重量	100000千克
动力系统	6台通用J47-GE-25涡喷发动机
最大航速	977千米/小时
实用升限	10100米
最大航程	7478千米

■ 作战性能

B-47具有空中加油能力,曾创下连续飞行36小时不着陆的纪录。20世纪50年代中期,由于对高空飞机探测能力增加,以及地空导弹和战斗机的作战能力提高,美空军开始研究使用B-47执行低空轰炸任务,即采用拉起战术。在拉起轰炸攻击战术行动中,B-47以低空飞向目标,突然拉起以半滚转进入半筋斗机动,在爬升过程中在预定点

▲ B-47 座舱是一个气密座舱。共三名乘员,正副驾驶席前后串列,领航员席在前方。均采用弹射座椅,但领航员座椅向下弹射

投弹。炸弹继续以高弧度向前飞行,落到离投放点较远处爆炸。同时机动可使飞机掉头,并使其有足够的时间飞到远离爆炸处的安全地带。这种战术可使B-47以低空高速飞行,减少被击中的可能性。

▲ B-47 机身后段挂架上有33个固体燃料火箭助飞器,起飞用助飞火箭提高推力

B-50 SUPERFORTRESS

B-50 "超级空中堡垒" 轰炸机（美国）

简要介绍

B-50轰炸机，代号"超级空中堡垒"，是美国空军使用的最后一种全部采用活塞式发动机的重型轰炸机。该机是为了填补B-36、B-47等新一代轰炸机服役前出现的轰炸机空缺而研制的一种过渡性飞机，是堡垒家族的最后一员。它在美国战略空军司令部初创时期为其撑起了门面，但在喷气式轰炸机服役之后，它很快就受到了冷落。

研制历程

虽然在对日作战中，B-29大显身手，但是当它进行远程轰炸时，实际攻击力只相当于一架中型轰炸机。因此，在战争尚未结束的时候，波音公司尝试将新型的R-4360发动机安装到B-29上。由于新发动机体积有所增大，因此发动机舱作了重新设计，机翼结构也相应加强，垂尾也作了加高，飞机则重新命名为XB-44（后改为B-29D）。

1945年12月，美国国会终于同意为这种飞机拨款。在提案表决前，陆军航空队担心议员们不愿为一种旧飞机的改型拨款，于是赋予它一个新的编号——B-50。1947年服役。

◀ B-50号称"冷战尖兵"

然而B-50仅仅服役五六年，即被B-47取代，共生产371架。从一线退下后，B-50客串了空中加油机的角色，直至专用加油机KC-135服役。此外，B-50还被改装成气象观测机（WB-50）和照相侦察机（RB-50）。

基本参数	
长度	30.18米
翼展	43.05米
高度	9.96米
空重	38426千克
最大起飞重量	78473千克
动力系统	4台普·惠R-4360发动机
最大航速	635千米/小时
实用升限	11247米
最大航程	7800千米

■ 作战性能

　　B-50作为一种轰炸机在服役期间过得比较平淡，当其"前辈"B-29在朝鲜战场浴血奋战的时候，它却驻守在各个空军基地。倒是它的"兄弟们"在各自岗位上发挥所能：RB-50在RB-47和U-2服役前一直是美军对苏联空中侦察的主力，KB-50与KB-29一道成为世界上最早批量服役的空中加油飞机，WB-50则长期担负起大气探测使命，而这些工作对于随时准备应对"冷战"危机的美国空军来说至关重要。因此，B-50享有"冷战尖兵"之称。

▲ B-50 装载 Bell X-1 验证机

■ 知识链接

　　根据美军参谋长联席会议1948年制订的"半月"作战计划，一旦美苏间爆发战争，由B-50、B-29和B-36组成的庞大机群将从英国、埃及、葡萄牙和日本的机场起飞，先用核弹对苏联境内重要的政治、经济和军事目标进行轰炸，摧毁对方的战争潜力，再携带常规炸弹攻击苏联在其卫星国的驻军，瓦解对方的陆军优势，最终赢得第三次世界大战的胜利。

B-52 STRATOFORTRESS

B-52 "同温层堡垒"轰炸机（美国）

简要介绍

B-52轰炸机，代号"同温层堡垒"，是美国一种远程战略轰炸机。现役76架，仍然是美国空军战略轰炸主力，2018年9月，美国空军宣布将对B-52H战略轰炸机进行升级和改造，计划让这种飞机继续服役到2050年。B-52将挂载高超声速武器，承担防区外打击的重要任务，成为美军"第一代高超声速打击武器作战平台"。美军愿意让B-52继续服役的一个原因是其为美国战略轰炸机当中可以发射巡航导弹的唯一型号。

研制历程

1946年2月13日，美国陆军航空军开始对新一代战略轰炸机研发进行招标。波音、马丁和统一伏尔梯（康维尔公司前身）三间美国航空工业巨头分别提交了各自的设计参数和成本报价。

XB-52后来经历了Model 464-16、Model 464-17、Model 464-40等多种方案，美国空军对其均不满意。但第一次柏林封锁危机使美军蒙受来自苏联威胁的庞大压力，加紧了波音XB-52的设计工作。1950年2月，柯蒂斯·李梅上将在空军参谋部要求资深官员会议批准使用Model 464-67方案。1950年3月24日，会议核准了这一决定。1951年，美国空军最终同意由波音生产B-52战略轰炸机。

1952年第一架原型机首飞，1955年批生产型开始交付使用，先后发展了B-52A、B、C、D、E、F、G、H8种型别，1962年停止生产，总共生产了744架。

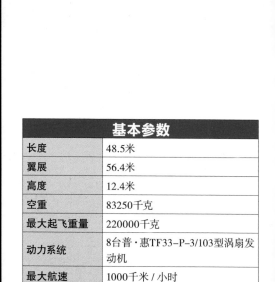

基本参数	
长度	48.5米
翼展	56.4米
高度	12.4米
空重	83250千克
最大起飞重量	220000千克
动力系统	8台普·惠TF33-P-3/103型涡扇发动机
最大航速	1000千米/小时
实用升限	15000米
最大航程	16232千米

■ 作战性能

B-52可以装备Mk28、Mk39、Mk43、Mk53等大杀器，也能装备AGM-28"大猎犬"巡航导弹，它的最大起飞重量可达220吨，航速可达0.81马赫，折合1000千米/小时。值得一提的是，B-52最终也没能实现8050千米作战半径的目标，而是7210千米。

▶ B-52F 投下的 M117 炸弹

▲ B-52H 最终型号一次可以搭载大量武器

■ 知识链接

B52轰炸机是当今世界上最具威慑力，且航程最远的轰炸机之一，也是美国三位一体核打击的核心力量之一。更是当今世界上现役最老的战略轰炸机，如今年纪已过半百，却还有一定数量在服役，而且计划到2050年以后才全部退出现役，届时B-52轰炸机从诞生到退出历史舞台，服役时长将高达95年。

B-57 CANBERRA
B-57 "堪培拉"轰炸机（美国）

■ 简要介绍

B-57轰炸机，代号"堪培拉"，是美国马丁公司制造的全天候双座轰炸机。它是在英国的"堪培拉"轰炸机基础上发展的，为了满足美空军要求，结构有所改进。美国空军选择英国电气公司的"堪培拉"作为战术攻击轰炸机，这是自1918年以来美国军方首次大规模选用外国战斗机进入一线现役。美国马丁公司拿到了授权制造这种英国喷气式飞机的合同，并进行了美式改造。

■ 研制历程

1950年朝鲜战争爆发时，美国空军猛然发现自己缺乏一种可全天候操作、用于战场阻绝的轰炸机。因此，1950年9月16日，美国空军正式向外提出要求。由于需求紧急，美国空军考虑直接引进外国轰炸机。因此，除了本国的马丁公司的B-51之外，加拿大的CF-100以及英国的"堪培拉"轰炸机也在考虑之列。

1951年5月25日，美国空军正式宣布"堪培拉"轰炸机胜出。由于英国电气公司没有生产精力，所以"堪培拉"轰炸机的生产任务最后交由马丁公司，并编号为B-57。1953年7月20日首飞，1954年服役。B-57共生产了403架，现已全部退役。

▲ B-57有8个翼下挂架和2个翼尖挂架，另外携带火箭弹或炸弹

▲ 美国空军的 B-57

■ 作战性能

B-57 "堪培拉" 有8个翼下挂架和2个翼尖挂架，另外携带火箭弹或炸弹，炸弹舱容量为2268千克，外翼携带4门20毫米口径机炮或8挺12.7毫米口径机枪。

■ 服役事件

B-57进入美军现役后不久，75架A型机中的大部分被收回改造成了照相侦察平台。马丁公司对随后的B-57B进行了大幅修改以使它更适合作为攻击机。一共制造了202架B-57B，之后是38架B-57C教练机、20架B-57D高空侦察平台机和68架B-57E拖靶机。在越南战争中，B-57得到大量使用，最后一种变种机型是精准轰炸机B-57G，它们在1974年退役，但是专门的电子战飞机、气象侦察机和拖靶机改型一直在国民空中卫队服役到1982年。

▲ B-57乘员有两人：一个驾驶员，一个领航员

■ 知识链接

英国 "堪培拉" 轰炸机是英国皇家空军第一种轻型喷气轰炸机。1945年开始设计，第一架原型机VN799于1949年5月13日首次试飞。1951年1月开始装备部队。"堪培拉" 出口到了美国以及澳大利亚，直到2006年其侦察改型仍在英军中服役。"堪培拉" 飞机共生产1352架，其中901架是在英国生产的，另外澳大利亚获得许可制造48架，美国获得许可制造403架。

基本参数	
长度	19.96米
翼展	19.5米
高度	4.75米
空重	13600千克
最大起飞重量	25000千克
动力系统	两台莱特J65-5发动机
最大航速	937千米／小时
最大航程	3380千米

B-58 HUSTLER
B-58 "盗贼" 轰炸机（美国）

简要介绍

B-58轰炸机，代号"盗贼"，是美国三角翼超声速战略轰炸机。它有着以前任何轰炸机不曾拥有的性能和复杂的航空电子设备，代表了当时航空工业的最高水准，是美国空军战略司令部20世纪60年代最主要的空中打击力量。

研制历程

1947年5月，美国陆军航空队脱离陆军成为独立的美国空军，时任空军参谋部研发中心主任的柯蒂斯·李梅上将（后来的战略空军司令部司令）写信给空军装备司令部司令内森·特卫宁中将，请求装备部开始一种中程喷气式轰炸机的研制，飞机最好能够在20世纪50年代进入一线部队中服役。同年10月，美国空军召开了设计代号为XB-55的中型轰炸机招标会。

1952年11月美空军选中康维尔公司的方案，1956年11月11日B-58进行了首次试飞。1959年春，第一架正式生产型B-58离开生产线。1960年3月进入美国空军服役。1970年1月31日退役。

基本参数	
长度	29.5米
翼展	17.3米
高度	8.9米
空重	25200千克
最大起飞重量	80240千克
动力系统	4台通用J79-GE-5涡轮喷气发动机
最大航速	2450千米/小时
实用升限	19300米
最大航程	7600千米

▶ B-58有乘员3人，分别是飞行员、任务系统指挥官和电子设备操作员

▶ B-58炸弹舱中可携带8820千克炸弹，4个翼下挂架可挂载3175千克炸弹

■ 作战性能

  B-58轰炸机的尾炮为通用电气公司的T-171E-3型6管20毫米口径转管炮，最大射速4000发/分。配有爱墨生MD-7雷达用于搜索来袭的敌机，雷达将数据直接传输至位于尾炮后面的计算机上，计算机通过收集更多的数据选择是自动射击还是交由防御系统操作手手动控制尾炮。B-58总共备有1200发炮弹。

  B-58虽然性能优异，但和B-52相比，成本费惊人，而且使用费用也相当可怕，一架B-58如果包括机组成员的装备、地面设备等算起来总价值可以达到3350万美元，而B-52只需900万美元，B-47更是只要300万美元。因此，军方只得让它早早退役。

■ 知识链接

  1959年2月23日，美国空军决定将原先30架试验型B-58中的4架改装成教练机，教练机编号TB-58A。在TB-58A中，驾驶员座椅仍为串列式布置，安装了复式操纵系统。为了给教官良好的视野，教官舱的位置右偏机身轴线约10°。为了节省成本，康维尔公司取消了TB-58A上的自动驾驶仪和B-58A上昂贵的主导航系统、轰炸系统，并且将B-58A上的尾炮和电子干扰系统也拆除。

B-66 DESTROYER

B-66 "毁灭者" 轰炸机（美国）

■ 简要介绍

B-66轰炸机，代号"毁灭者"，是美国为了取代二战时期的B-26轰炸机而研制的，用于满足美国空军对战术轰炸机的需求。虽然外观上和B-26非常相似，实际上二者内在区别很大。作为一种侦察战术轰炸机、核打击轰炸机，B-66在越南多次参与实战，表现出色，一般由EB-66C/E负责提供电子压制。

■ 研制历程

B-66最初是为了取代二战时期的B-26而研制的。1951年6月14日美国空军正式招标B-26的替代型号，一开始只要求新机能作为侦察机使用，8月加入了战术轰炸要求。数家公司参加了竞标。

1951年8月29日道格拉斯正式向美国空军提交了XA3D-1的派生方案，1951年11月29日美国空军飞机和武器委员会宣布道格拉斯获胜，1952年1月12日该方案获得B-66的编号。

一开始美国空军认为B-66是A3D的拷贝，所以无须购买XB-66原型机，直接购买了小批RB-66A预生产型进行试飞和评估。之后空军又开始采购RB-66B侦察机和B-66B轰炸机生产型。

1954年6月28日，5架RB-66A预生产型的首机在长滩首飞，之后美国空军正式接收了其中一架，其余的飞机仍需进行改进。剩下4架RB-66A在1954年8—12月间陆续交付。

基本参数	
长度	22.9米
翼展	22.1米
高度	7.2米
空重	19300千克
最大起飞重量	38000千克
动力系统	两台艾利森J71-A-11/-13涡喷发动机
最大航速	1020千米/小时
实用升限	12000米
最大航程	3970千米

■ 作战性能

　　最初的B-66是没有弹射座椅，乘员只能通过座舱后的逃生滑道跳伞。B-66需要在低空高速飞行，所以三名乘员都需要配备向上弹射的弹射座椅，为此重新设计了整个座舱盖来为弹射座椅开设弹射窗口。此外，座舱布局也要按照空军的要求重新布置，飞行员坐在前方中央，后面并排坐着导航员和机炮手/侦察系统操作员。B-26是一种高速高机动性的战术轰炸机，作战半径1850千米，可挂载一枚4536千克的核弹或等重的常规炸弹和照相照明弹。此外该机能安装大量电子设备而不影响正常性能，还有自卫武器和干扰敌方雷达的电子对抗设备。简单易用且易于维护，能在临时跑道上起降。

▶ B-66乘员有3人，飞行员独自在前，导航员和机炮手/侦察系统操作员并排在后

▲ B-66是按照一机两型投产的，分别是RB-66B侦察型和B-66B轰炸型

■ 知识链接

　　战术轰炸机是指部分体型较小的轰炸机，用于战术轰炸，攻击武装部队和辎重设备。在二战结束后，战斗机和攻击机的体积和载弹量逐渐增大，空中加油技术也日臻成熟，战术轰炸机日益丧失其技术上的优势，因此逐渐被战斗机和攻击机所取代。如今战术轰炸机在世界各国逐渐停止研制。

F-105 THUNDERCHIEF

F-105 "雷公"战斗轰炸机（美国）

简要介绍

　　F-105轰炸机，代号"雷公"，是美国空军隶下的一型单座单发后掠翼喷气式超声速战斗轰炸机，是作为F-84后继发展的战斗轰炸机，是美国第一型超声速战斗轰炸机，也是美国空军有史以来最大的单座单发动机的作战飞机，并且因为其特大的内部武器舱和翼根下的独特的前掠型发动机进气口而出名。其主要任务是实施战术核攻击，也可外挂常规炸弹，执行对地攻击任务，并具有一定的自卫空战能力。

研制历程

　　1951年，当F-84F后掠翼战斗轰炸机刚刚开始试飞的时候，美国空军就委托共和公司设计一种高性能的、单座低空核战斗轰炸机。公司给新项目的设计代号是AP-63，计划取代美国空军的F-84F。

　　1951年，美国共和公司自担风险研制了AP-63核攻击战斗轰炸机。1952年5月，美国空军参谋部认可了F-84F的替代计划，并赋予其F-105的正式编号。

　　1955年10月，两架YF-105A进入飞行测试。第一批75架B型机在1958年5月才进入第4战术战斗机联队服役。总计生产约833架，1965年停产。

▲ F-105 飞越雪山

基本参数	
长度	19.58米
翼展	10.65米
高度	5.99米
空重	12474千克
最大起飞重量	23834千克
动力系统	J75-P-19W加力发动机
最大航速	2207千米／小时
实用升限	15200米
最大航程	3700千米

■ 作战性能

F-105轰炸机是为了夺取制空权，但在实战中因其载弹量大，突防能力强，攻击性能好，侧滑、俯冲及低空高速性能优异的特点，一直被当作战斗轰炸机使用，执行轰炸任务时一般数架至数十架编队。F-105执行核攻击任务时，携带轻便的核弹从前线机场起飞，以超声速穿透敌军防空网投掷战术核炸弹阻挡敌地面部队的前进。它在补给支援设施遭到重大破坏的情况下还能起飞作战。F-105型飞机极佳的低空高速性能降低了被拦截的概率，并且在必要时还能以机炮及导弹击落敌机，达到保护自己、协助防空的目的。

▶ F-105 是一型单座单发后掠翼喷气式超声速战斗轰炸机，右图是 F-105 驾驶舱

▲ F-105 也具备空中受油能力，这使得该机拥有更大的打击范围

■ 知识链接

越南战争中，F-105携带大量的常规炸弹去轰炸敌方，虽然该机装有一门"火神"机炮，但因飞机太笨重，盘旋性能不及米格-17。作为轰炸机，一旦碰上米格-17战斗机往往来不及切换到空空模式，在与米格-17的交锋中吃尽了亏，有不少被击落。因此F-105被认为是"棺材机"之一，就以总产量751架的D/F两型来说，越战中损失400架以上。

F-111 AARDVARK
F-111 "土豚"战斗轰炸机（美国）

简要介绍

　　F-111战斗轰炸机，代号"土豚"，是美国的一种超声速战斗轰炸机，也是世界上最早的实用型变后掠翼飞机，主要用于夜间、复杂气象条件下执行遮断和核攻击任务。在装备了新型红外瞄准吊舱后能够在夜间从中空高度发现并摧毁敌坦克或装甲车。采用先进的精确制导武器，可以在夜间从中空有效打击敌地面目标。

研制历程

　　20世纪60年代初，美空军要求研制一种以对地攻击为主的超声速战斗机，取代F-105，海军要求研制一种以舰队防空和护航为主的战术战斗机。于是出现了通用动力公司以对地攻击为主的空军型F-111A和格鲁门公司以对空截击为主的海军型F-111B。后来由于F-111B性能达不到要求，最后停止发展，海军取消订货。

　　从此，F-111成了纯粹的空军型飞机。先后有A、B、C、D、E、F、K和FB-111A等主要战斗型别，总共生产了562架。

基本参数	
长度	22.4米
翼展	19.2米
高度	5.22米
空重	21400千克
最大起飞重量	45300千克
动力系统	两台TF30-P-100加力涡扇发动机
最大航速	2655千米/小时
实用升限	20100米
最大航程	6760千米

▲ F-111A 先进的飞行座舱，乘员为两人，分别是飞行员和武器系统操作员

▶ 右图四照片显示F-111A 机翼变化序列

■ 作战性能

F-111A采用了双座、双发、上单翼和倒T形尾翼的总体布局,起落架为前三点起落架。最大特点是采用了变后掠机翼,这是该技术首次应用于实用型飞机。F-111A机翼采用可变后掠翼、悬臂上单翼,无上反角。机身弹舱和8个翼下挂架可携带普通炸弹、导弹和核弹。最大载弹量8吨多。

■ 实战表现

海湾战争期间,据统计,F-111F总共完成了664架次轰炸任务,所出动的F-111F,全都安全返回了基地,无一受损,精确攻击能使飞机在执行轰炸任务时使用较小的弹头。之所以能有这样的战绩,是因为飞机具有能给目标以致命打击的精确制导武器、红外瞄准吊舱、大载弹量和长时间留空的巡航能力。在地面作战开始之前的29天中,F-111F、F-15E和A-6执行了数百次打坦克任务。

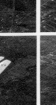

■ 知识链接

通用动力是一家美国国防企业集团。1899年,电力船舶公司成立。1952年,公司更名为通用动力。2005年时通用动力是世界第六大国防工业承包商。由于近年来不断地扩充和并购其他公司,通用动力现今的组成与面貌已与冷战时期大不相同。现今通用动力包含三大业务集团:海洋、作战系统和资讯科技集团。2018年7月19日,《财富》世界500强排行榜发布,通用动力公司位列383位。

F-117 NIGHTHAWK
F-117 "夜鹰" 战斗轰炸机（美国）

■ 简要介绍

　　F-117轰炸机，代号"夜鹰"，是美国的一种单座亚声速隐形战斗轰炸机，主要用于携带激光制导炸弹对地面目标实施精确攻击。该机主要承担两类作战任务：一是低空隐蔽突防，深入敌区搜寻和攻击在空中值班的预警机；二是执行近距支援任务，攻击敌方指挥所、通信枢纽、雷达站、导弹阵地、前线机场、仓库、桥梁等地面目标。它是美国空军主力的隐形战斗轰炸机。服役后参加过入侵巴拿马、海湾战争、科索沃战争等军事行动。

■ 研制历程

　　F-117于20世纪70年代中期开始研制，1981年首飞定型，1983年服役。1978年美国军方批准洛克希德公司开始研制F-117，1981年6月第一架原型机首次试飞。1983年10月生产型开始交付使用，美国空军共订购59架，于1990年交付完毕。F-117的研制、生产和装备情况过去一直是一个谜，直至1998年11月，美国军方才向外界承认确有这种隐形战斗轰炸机的存在，其编号为F-117。2008年4月22日正式退役。

▲ F-117A 机头正对目标时雷达截面最小

▲ F-117 使用 GBU-27 激光制导炸弹

基本参数	
长度	20.09米
翼展	13.2米
高度	3.78米
空重	13380千克
最大起飞重量	23815千克
动力系统	两台F404-F1D2非加力涡扇发动机
最大航速	1111千米／小时
实用升限	13716米
最大航程	1720千米

■ 作战性能

  F-117武器系统均放置在机身内，可装备AGM-65"小牛"空对地导弹、AGM-88"哈姆"反辐射导弹、G-BU-10炸弹、GBU-27激光制导炸弹、B-LU-109B激光制导炸弹、B61自由落体核炸弹等。它装有夜视设备，具有特别强的夜间攻击能力，能精确攻击坚固的点目标。缺点是制订计划牵制因素多，花费时间较长；飞行速度慢，没有空战能力，一旦被战斗机跟踪将难以摆脱；其隐形能力也能被双基点雷达、米波雷达等手段所减弱。

■ 知识链接

  二战期间，飞机隐形技术便已经初露端倪。当时德国试制成功了一种能够吸收电磁波的特殊涂料，并把这种涂料涂在舰船或飞机上，可以使敌方的雷达接收不到反射信号，从而难以发现目标的行踪。1973年，美国新的隐形战机计划立项，最终洛克希德先进发展计划获得了合同，项目的负责人是本·里奇。直到1983年，F-117隐形战斗轰炸机作为美军第一代隐身战斗机才正式服役。

▲ F-117A 未升级前的座舱还是以模拟仪表为主

SBD DAUNTLESS
SBD "无畏"式轰炸机（美国）

■ 简要介绍

SBD舰载轰炸机，代号"无畏"，是美国的一种舰上俯冲轰炸机，它拥有高性能，但是装甲薄弱是一大问题，初期成为零式战斗机的标靶，而1941年服役的SBD-3改换了马力更强大的R-1820-52发动机、自封式油箱与防弹装甲以及更大的炸弹挂载重量，却没有降低它的性能。到了SBD-5，又换装了更强大马力的发动机及更大的炸弹挂载量。于是它在二战时期活跃于太平洋战场上，且战功显赫。

■ 研制历程

20世纪30年代初，借助大量的政府订购，美国从那场灾难性的经济危机中缓过劲来，其海军实力也由于扩大订购的政策而得到加强。1934年，美国海军航空局开始着手用统一的机型来取代自己手中那些型号复杂凌乱的舰载俯冲轰炸机。

海军的招标方案一出台，立刻有布吕斯特、马丁、沃特和诺斯罗普等多家公司拿出了自己的设计方案，加入新型轰炸机的竞争中。最终军方选中了诺斯罗普公司的设计方案。

1935年8月19日，原型机首飞成功。1936年9月18日，海军订购了54架生产型。可是生产型存在一些问题，始终得不到解决。直到1939年4月8日，生产SBD-1轰炸机的合同被转交给了道格拉斯公司。不久，存在的问题得到解决。1940年开始量产并交付海军服役。

▲ 1942年，SBD飞越"企业"号航母上空

基本参数	
长度	10.06米
翼展	12.65米
高度	3.94米
空重	2964千克
最大起飞重量	4318千克
动力系统	莱特R-1820-66"旋风"9发动机
最大航速	410千米/小时
最大航程	1244千米

■ 作战性能

　　比起TBD的开发，SBD的金属蒙皮技术更为成熟，与SBC有相同的穿孔式空气刹车襟翼，增加了许多俯冲时的机身稳定性，不像德国的JU-87与日本的九九舰载机必须额外加装维持稳定的副翼。而可收藏式的起落架比起前两者也减低了更多的风阻，极速比起九九舰载机快了将近时速20千米。

▲ SBD 正在俯冲投弹

■知识链接

　　在珊瑚海海战与中途岛海战当中，SBD轰炸机创下空前的战绩，尤其是击沉了日本引以为傲的海上主力"赤城""加贺""苍龙""飞龙"四艘航空母舰。至1944年，由于后继机种SB2C轰炸机的服役，才慢慢退居二线。而1944年SBD也加入了英国皇家海军的行列，在北海对抗德军的U型潜艇，同时SBD也以A-24之名加入美国陆军航空队，在地中海战场上打击德国与意大利的装甲部队。

SB2C HELLDIVER

SB2C "地狱俯冲者"轰炸机（美国）

简要介绍

SB2C轰炸机，代号"地狱俯冲者"，是历史上最重的舰载俯冲轰炸机，但是相对于它所要替换的道格拉斯SBD"无畏"舰载俯冲轰炸机来说，表现并不突出。曾服役于包括"大黄蜂"号在内的航母上，广泛地用来在太平洋上进行对地火力支援。二战后不久退役，是世界上最后一种俯冲轰炸机。

研制历程

1939年5月15日，美国海军发出了制造SB2C的计划书，这份计划书对俯冲轰炸机提出了严格的技术要求。

柯蒂斯公司赢得研制资格，1940年12月18日，原型机在纽约州的布法罗组装完成并进行了首飞，在解决了一些问题后开始量产并于1943年编入海军现役。

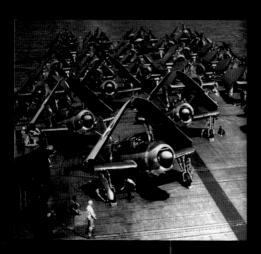

▲ 航母上柯蒂斯 SB2C 机群

基本参数	
长度	11.18米
翼展	15.17米
高度	4.01米
空重	4794千克
最大起飞重量	7553千克
动力系统	莱特R-2600星型发动机
最大航速	475千米/小时
最大航程	1876千米
实用升限	8870米

■ 作战性能

SB2C原型机上天之前有许多缺点。风洞试验表明,飞机的着陆速度超高,在飞机试飞之前机翼不得不加大了10%。新的R-2600发动机和柯蒂斯的电动螺旋桨也有问题。更加严重的是,飞机表现出了操纵问题。由于在航母上飞行的危险性,最低着陆速度和低速操纵性是舰载机最注重的性能。尽管如此,海军仍然没有停止SB2C计划,这是由于日本偷袭了珍珠港,美国被正式卷入了战争,需要大量战机。1944年SB2C-3出现,拥有了更加强劲的发动机和四叶螺旋桨,性能有所改善。

■ 实战表现

"地狱俯冲者"参加了击沉二战中最大的两艘战舰的空袭。1944年10月24日在莱特湾海战中击沉"武藏"号,1945年4月7日在冲绳战役中击沉了它的姐妹舰"大和"号。"地狱俯冲者"也广泛地被用来在太平洋上进行对地火力支援。

■ 知识链接

俯冲轰炸机是轰炸机的一种:以高速俯冲方式攻击敌人的地面或水上目标。由于载弹量较小,主要被用于战术轰炸。通常的定义是俯冲角达到45°~90°,多数情况指的是近乎垂直状的俯冲轰炸机在攻击敌方目标时,会以与地面超过45°的方式高速向目标俯冲,在距目标很近的距离上拉起飞机同时投弹。相较于同时期的水平轰炸机,俯冲轰炸机的优势在于投弹命中率高,效率也要高出很多。

▲ 二战结束后,俯冲轰炸机的重要性迅速降低,更重要的任务是反潜作战

TBD DEVASTATOR

TBD "蹂躏者" 鱼雷轰炸机（美国

简要介绍

TBD鱼雷轰炸机，代号"蹂躏者"，是美国海军一款鱼雷轰炸机，由道格拉斯公司生产。当TBD-1进入现役时，它是世界上最先进的鱼雷轰炸机，在许多方面创下了第一。是美国海军清单上第一种采用全金属下单翼结构的鱼雷机，也是第一种装备了液压机翼折叠装置的海军飞机，也是美国第一种专门被设计用于由飞机运载和投掷的航空鱼雷机。

研制历程

1934年6月，美国海军航空部（BuAer）在招标书中提出对鱼雷轰炸机的严格要求。结果，大湖飞机公司和道格拉斯飞机公司分别交出了各自的设计方案。最终，道格拉斯飞机公司胜出。

原型机XTBD-1在1935年4月15日进行了首次试飞。1936年2月3日，海军部正式赋予该机TBD-1的正式编号。道格拉斯公司也在当日如愿以偿地拿到了生产114架该型飞机的首份合同。1937年8月3日，海军正式接收TBD进入现役。

基本参数	
长度	10.69米
翼展	15.24米
高度	4.59米
空重	2804千克
动力系统	普·惠R-1830-64复列星型空冷发动机
最大航速	331千米 / 小时
实用升限	6004米
最大航程	1152千米

作战性能

TBD采用波纹蒙皮宽达15.24米的机翼，使其在低速时有着极好的操纵性。而且，低翼载使飞机在获得优异的机动性的同时还拥有了仅为101.4千米/小时的着陆速度。飞行员们报告说在轻装时TBD可以飞任何花样，包括水平八字和涅斯捷罗夫筋斗。TBD最有特色的还是那由7个部分组成的前半截高高凸起而后半截急剧收缩的玻璃座舱罩，其中4块可以沿滑轨移动打开。按照美国海军的规定，飞机在起飞和降落时座舱罩应当是完全敞开的，这主要是为了在遇到不测时乘员可以快速逃生。

▲ TBD 轰炸机投放鱼雷

■ 实战表现

　　珍珠港事件爆发后，美国人当然不会忍下这样的耻辱，报复行动很快便开始了。1942年的2月1日，"企业"号搭载的VT-6中队驾驶TBD攻击了卡瓦加雷岛上的港口和日本舰船，"约克城"上的VT-5中队则在同一天清晨驾驶TBD攻击了雅留特岛。遗憾的是，由于MKXIII鱼雷不可靠，两次袭击都算不上完美。于是，VT-6的TBD刚回到母舰，便又挂上约226千克的炸弹再次出击，把岛上的机场和油库蹂躏得稀烂。

■ 知识链接

　　鱼雷轰炸机是一种军用飞机，主要通过击中鱼雷攻击船只。二战中的鱼雷轰炸机一般只能携带一枚鱼雷，因为当时的舰载机载荷有限，而一枚533毫米鱼雷重即八九百千克。当然，鱼雷机一般没有弹舱，只有美国海军的"复仇者"系列鱼雷轰炸机有弹舱，其他都是裸弹装载。鱼雷扔掉后就返航，鱼雷轰炸机却不是一无是处……

▶ 在航母甲板上的 TBD 机群

TBF AVENGER

TBF "复仇者" 鱼雷轰炸机（美国）

简要介绍

TBF鱼雷轰炸机，代号"复仇者"，是美国海军最大的单发舰载机，主要在二战时期活跃于太平洋战场上。比起TBD，TBF的性能有大幅的提升，除了加大马力的发动机外，新设计的流线型座舱配备防弹玻璃，机身的防弹装甲也前所未有的坚固。而机翼能够向上折起的长度比起其他型舰载机也长了许多，更加减少了在航空母舰机舱内所占的位置。

研制历程

1935年道格拉斯的TBD "蹂躏者"成为全国的明星，1939年美国海军决定开发一种更有效、更大航程、更大载弹、更高速度和更抗打击的鱼雷轰炸机。

经过多家公司竞标，最终格鲁曼公司胜出，1940年10月提前获得预订货，1941年8月7日原型机试飞。1942年开始服役。1942年3月开始，由于格鲁曼公司要生产F4F与F6F战斗机，为了减低生产压力，便授权通用公司制造TBF。1960年退役，生产数量9837架。

基本参数	
长度	12.48米
翼展	16.51米
高度	4.7米
空重	4783千克
载重	8115千克
动力系统	莱特R-2600-20星型发动机
最大航速	442千米/小时
实用升限	9170米
最大航程	1610千米

▲ TBF 鱼雷轰炸机飞跃航母的上空

■ 作战性能

　　TBF的攻击能力比起日本的九七舰攻还要强悍许多，除了搭载1枚Mark13航空鱼雷之外，还可装载1个907千克或4个226千克的炸弹，而襟翼配备减速板设计加上刹车减速板，更让TBF可以拥有和俯冲轰炸机一样的俯冲攻击能力，在战场上成为日本军舰的头号杀手。

▲ TBF 轰炸机低空投放鱼雷

XB-70 VALKYRIE
XB-70 "女武神" 轰炸机（美国）

简要介绍

XB-70轰炸机，代号"女武神"，是美国的一种超声速战略轰炸机，其飞行中创造了3675.24千米/小时的飞行纪录，是迄今为止最快的战略轰炸机。XB-70的英文名为Valkyrie，意为"挑选战死者的女性"，这一含义后来被改为"出现在英雄面前的梦中情人"或被称为"女武神"。XB-70的护航战斗机同样是一个高科技的结晶——全三角翼的YF-108。但由于经济与战略转换的因素，YF-108与XB-70未进入量产便一起被抛弃了。

▶ XB-70 轰炸机采用了鸭式、无平尾、大三角翼的总体布局

研制历程

XB-70的开发计划，起源于1955年时，在冷战时期，为了躲避当时速度超过两倍声速的最先进的苏联歼击机的拦截，并可深入苏联腹地进行战略轰炸或投放核武器，当时美国空军需要一架可以取代B-52的战略轰炸机。

XB-70 "女武神" 由北美航空公司于20世纪60年代开始研制。1964年9月，第一架原型机首飞。1965年7月，第二架原型机试飞成功。

由于地空导弹的发展，XB-70的战场生存性备受质疑。到20世纪60年代中期，美国超声速战略轰炸机研制计划被下令停止。1969年1月，在完成了最后一次试验飞行之后，第一架XB-70原型机被送进俄亥俄州的怀特·帕特森空军基地博物馆。

基本参数	
长度	59.74米
翼展	32米
高度	9.14米
空重	93000千克
最大起飞重量	249476千克
动力系统	6台通用YJ-93-GE-3加力涡喷发动机
最大航速	3675千米/小时
最大航程	8000千米

■ 作战性能

　　XB-70的载弹量达11340千克,可充分满足战略轰炸的需求。后来还计划装载导弹以及其自身的自卫武器系统。其最大不凡之处,在于它的紧急起飞能力。同样是3675.24千米/小时巡航的飞机,洛克希德公司生产的SR-71起飞前需要花上大半天慢慢暖机,飞行员还需在检查生理状况后,穿上增压服才能飞行。而XB-70从开始暖机到离开跑道只需25分钟,跑道滑行时间最快仅需45秒,而且飞行员无须做生理检查,甚至在飞行时不穿飞行服,也丝毫无碍生理健康。

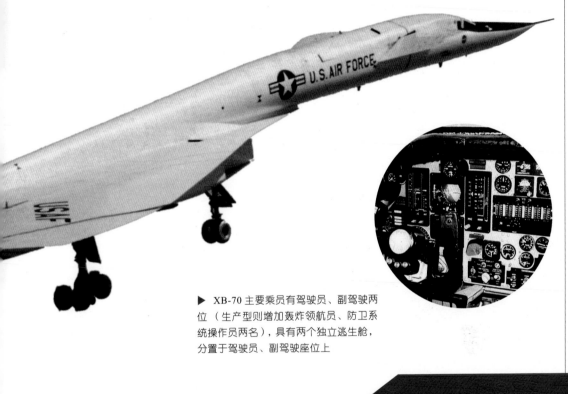

▶ XB-70 主要乘员有驾驶员、副驾驶两位（生产型则增加轰炸领航员、防卫系统操作员两名）,具有两个独立逃生舱,分置于驾驶员、副驾驶座位上

▲ XB-70 的最大不凡之处,在于它的紧急起飞能力

■ 知识链接

　　XB-70虽然以事故而告终,但实际上杀死XB-70的,主要是弹道导弹的发展,以及美国核战略的转变。在前苏联拥有洲际弹道导弹之后,美国再也无法避免本土遭到核攻击的可能性,而苏联防空网的强化,也使得轰炸机的报复攻击的成功率,难以和洲际弹道导弹相比。XB-70已完全失去了存在的意义。XB-70的故事也就此走入历史。

TUPOLEV TU-2
图-2轰炸机（苏联）

简要介绍

图-2轰炸机，北约代号"球棒"，是苏联图波列夫设计局在二战期间研制的一种双发多用途螺旋桨轰炸机。它作为苏联空军二战时期的主要机型，在战争中多次轰炸德军。战后还继续服役。

研制历程

1940年，面对德国咄咄逼人的侵略势头，苏联红军大力加强军备建设，空军迫切需要一种新一代轰炸机才能适应战争的需要。设计新型轰炸机的使命交给图波列夫，他带领一批工程师从1940年5月1日开始研制。

1941年1月29日进行首次试飞。同年5月，第二架原型机开始试飞。1942年8月22日，第一架生产型飞机被赋予图-2的编号，从此开始批量生产。1948年停产。

▲ 图-2乘员为4人，即驾驶员、领航员、通信员和射击员

▲ 经过战争的考验，图-2轰炸机的优良性能和使用价值被广泛认同，以至战后仍继续生产，直到1948年停产，不少飞机持续使用到20世纪50年代中期

基本参数	
长度	13.8米
翼展	18.86米
高度	4.13米
空重	7601千克
最大起飞重量	11768千克
动力系统	两台ASh-82活塞发动机
最大航速	528千米/小时
实用升限	9000米
最大航程	2020千米

■ 作战性能

图-2轰炸机采用了全金属结构,飞机的机身、机翼和蒙皮是用平滑的硬铝,发动机和起落架安装架是钢材。飞机的总体设计为常规的双发布局形式,尾翼是双垂尾。装有两门机炮,从机身侧面向前射击,向后射击另有3~5挺机枪。根据飞机型别和作战任务不同,炸弹载荷也有所区别,最大载弹量可达4.5吨。从第二架原型机起,图-2轰炸机还增加了其他军械,如翼下吊舱里可携带10枚火箭弹。

■ 作战性能

1944年6月9日开始的维博格战役中,苏军出动600架图-2轰炸敌军阵地。1945年4月7日,516架图-2和佩-8轰炸科尼斯堡的防御体系。在攻克柏林战役的第一天,仅图-2轰炸机就向柏林投了97吨炸弹。经过战争的考验,图-2轰炸机的优良性能和使用价值被广泛认同。

▶ 安德列·尼古拉耶维奇·图波列夫

▲ 图-2是公认的第二次世界大战后期最好的中型轰炸机,比同时代的同盟国军队和敌军的任何一种中型轰炸机都好

■ 知识链接

安德列·尼古拉耶维奇·图波列夫(1888—1972),苏联杰出飞机设计师、科学院院士、空军中将,是图波列夫设计局的创始人。他一生中曾直接参与或领导设计的飞机不下百余种,其中包括运输机、歼击机、轰炸机、强击机、侦察机和水上飞机等。他功勋卓著,是苏联早期飞机设计的奠基人之一。

TUPOLEV TU-4

图-4轰炸机（苏联）

简要介绍

图-4轰炸机，北约代号"公牛"，是苏联以美国B-29轰炸机为蓝本仿造的一种战略轰炸机。图-4的研发成功是苏联飞机制造史上的里程碑，它为此后苏联所有活塞式以及喷气式战机的发展奠定了基础。后来大部分苏联战机上的仪表、传感器、电机等精密部件追根溯源，全都能在B-29身上找到血缘关系。图-4的出现，是苏联踏入顶级军事强国行列的极为坚实的一大步。

研制历程

卫国战争开始后，苏联依据租赁法案多次向美国表达希望能得到B-29，但均被美国拒绝。由于技术基础薄弱，苏联一直难以开展大型轰炸机的研制。就在这时转机出现。

1944年7月29日，美国空军上尉霍华德·贾雷尔为首驾驶的一架B-29被高炮击伤后迫降于苏联的符拉迪沃斯托克，并被苏联军方扣留。

苏联开始对B-29做解体测绘研究，1945年6月22日，苏联正式启动代号"B-4"的轰炸机计划，后来正式改名为图-4。

1946年夏第一架图-4原型机开始测试，1947年8月3日图-4在苏联航空节公开露面。苏联制造了1200架图-4轰炸机。20世纪50年代中期苏联空军的图-4全部退役，60年代初苏联海军航空兵图-4全部退役。

▶ 据西方统计，到1954年，苏联一共部署了大约1300架图-4轰炸机

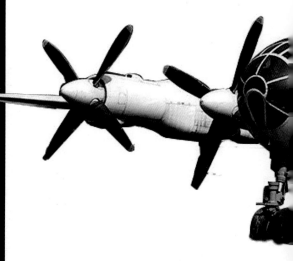

基本参数	
长度	30.17米
翼展	43.08米
高度	8.46米
空重	35270千克
最大起飞重量	66000千克
动力系统	4台ASh-73TK发动机
最大航速	557千米/小时
实用升限	11201米
最大航程	6200千米

■ 作战性能

　　图-4的综合性能是十分优异的，苏联先后在图-4的基础上进行了多版本的改进，其中就有被改造成可实施核武器远程投放的"恐怖杀手"。当然，等到图-4轰炸机在哈萨克斯坦大草原投掷原子弹时，苏联飞行员依稀还记得当初图波列夫的话："尽管这种飞机与当初美军向日本投掷原子弹的轰炸机分毫不差，但它依然对美国本土鞭长莫及，况且它已不可能抗衡现代化防空火网的拦截了。"

▶ 1944—1945 年间，苏联得到 3 架完整的 B-29 轰炸机，之后对 B-29 轰炸机做解体测绘，开始仿制工作

▲ 1951 年 10 月 18 日，图 -4 成功投掷了原子弹，成为具有战略核打击能力的飞机

■知识链接

　　1949年年底之前，苏联战略部队装备了约300架图-4。除战略部队外，海军航空兵还装备了一些图-4用于远程巡逻；朝鲜战争爆发时，苏联已经拥有了845架图-4。美国对这种"山寨"B-29心存忌惮，因为它配备核武器可对美国进行单程自杀式攻击。美苏在核威慑时代出现了战略平衡，促成了二战后世界局势的稳定。

TUPOLEV TU-16

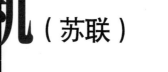

图-16轰炸机（苏联）

◰ 简要介绍

图-16轰炸机，北约代号"獾"，是苏联双发高亚声速战略轰炸机。它是根据西欧北大西洋公约组织成员国的重要军事目标进行战略轰炸要求而设计的，性能和尺寸大致和美国的B-47，英国的"勇士""火神"和"胜利者"轰炸机相当。除主要作为轰炸机使用外，还被改装担负空中侦察、空中加油等任务。

◰ 研制历程

冷战初期，苏联急切地想缩短同美国在轰炸机发展方面的差距。苏联的航空器设计局在研制这类飞机的过程中承受着巨大的压力。在20世纪50年代，苏联在役唯一的远程轰炸机是图-4——美国B-29轰炸机的仿制品，鉴于这种轰炸机在性能上的局限，图波列夫设计局开始研制新型中程轰炸机。

1950年，苏联开始研制新型轰炸机，设计编号为图-88。1952年4月27日，配置两台AM-3M型涡喷发动机的图-88原型机进行了首次试飞。在与其竞争对手伊尔-46型一起接受的评估过程中，图-88型充分显示出了更高的整体性能。

1952年后期，军方选择图-88作为装备部队的主要机型，并将其命名为图-16轰炸机。1954年装备部队，成为配置FAB-9000型自由下落炸弹的常规战略轰炸机。该机有图-16A、B、C、D、E、F、G、H、J、K、L等多种型号，大约生产了2000架，1966年开始退役。

基本参数	
长度	34.8米
翼展	32.93米
高度	10.8米
空重	37200千克
最大起飞重量	79000千克
动力系统	两台AM-3M-500或PG-3M涡轮喷气发动机
最大航速	1050千米/小时
实用升限	12800米
最大航程	7200千米

■ 作战性能

图-16机身为全金属半硬壳结构，椭圆形截面。机身由前气密座舱、前段、中段、后段和后气密座舱5个部分组成。机腹下有长6.5米的弹舱，载弹量9000千克。不载普通炸弹时，可挂一枚当量为500万吨的核弹，或2枚AS-1型空对地导弹。海上作战时，可载鱼雷和水雷。此外安装7门23毫米口径机炮，备弹2300发。飞机上装有OPB-11P型光学瞄准具、PBP-4型雷达瞄准具，搜索距离140千米~180千米，跟踪距离70千米。

▲ 图-16的驾驶舱，正副驾驶头顶的玻璃即为紧急弹射出口

◀ 正在抵近美军CV-61"游骑兵"号航母侦察的苏军图-16RM侦察机

■ 知识链接

1954年，图-16轰炸机进入量产之后，苏联官方正式把下一代超音速轰炸机的发展计划，交军方的设计局来进行。基本设计是以图-16为蓝本，配合4台安装在翼根处的VD-5或VD-7涡轮发动机。升级改良之后的轰炸机叫图-22，于1958年6月首飞成功。

▲ 图-16Z空中加油型号，图-16Z采用的是翼尖加油的方式

TUPOLEV TU-22
图-22轰炸机（苏联/俄罗斯）

简要介绍

图-22轰炸机，北约代号"眼罩"，超声速战略轰炸机，也是苏联装备的第一种超声速轰炸机。它最初设计的目的是要取代当时的图-16，以超声速的飞行性能突破防空网和空中拦截，对欧洲的战略目标投掷核武器攻击。在尾部上方装备两台RD-7涡轮喷气发动机，提供的动力使其可以达到1739.62千米/小时的飞行速度，可装载9吨的各型弹药或一枚Kh-22巡航导弹。设计任务是以团级飞行编队突击轰炸敌方纵深战略目标，以弥补图-16轰炸机在突击性上的不足。

▲ 图-22轰炸机的头部很尖，机翼很薄，后掠角大，机身外形流线光滑

研制历程

20世纪50年代，面对着美国战略空军，苏联感到了巨大的威胁，他们迫切地感觉到组建一支战略性空中力量的重要性。在图波列夫设计局研制出了中程的图-16和图-95轰炸机，且未被投入现役之前，这些飞机就被证明在受到超声速歼击机的拦截时生存率很低。1954年，图-16轰炸机进入量产之后，苏联官方正式将下一代超声速轰炸机的发展计划交给该设计局来进行。

1955年，图波列夫设计局的设计师们开始了"105工程"。1958年6月21日，图-22原型机试飞。1961年图-22在莫斯科图西诺航空节露面，1962年正式加入苏联空军序列。总生产量超过300架。苏联解体后，最后一架图-22轰炸机在1998年于乌克兰空军退役。

基本参数	
长度	41.6米
翼展	23.17米
高度	10.13米
空重	34000千克
最大起飞重量	92000千克
动力系统	两台RD-7M-2涡喷发动机
最大航速	1740千米/小时
实用升限	13300米
最大航程	4900千米

■ 作战性能

图-22轰炸机的自卫武器很少,仅在尾部有一门30毫米口径机炮。自卫手段主要靠速度,夜间使用电子干扰机自卫。由于重量大,机翼面积较小,故盘旋性能不好,投放武器时机动范围小。图-22在执行任务过程中,可使用加力起飞,爬到10000米高度,再以990千米/小时的平均速度飞往目标。若使用常规炸弹轰炸,则飞机要以超音速的冲刺速度接近目标。在目标上空以高亚音速进行水平投弹。攻击后以超音速脱离。

▶ 图-22轰炸机的自卫武器很少,仅在尾部有一门30毫米口径机炮。自卫手段主要靠速度,夜间使用电子干扰机自卫

▲ 伊拉克萨达姆时期从苏联引进了图-22轰炸机,并配备了AS-4"厨房"反舰导弹。后来在海湾战争中,伊军图-22与图-16全数被摧毁,丧失了战略空袭的能力

■知识链接

2008年8日,俄武装力量副总参谋长阿纳托利·诺戈维岑将军曾承认,俄空军的一架苏-25战斗轰炸机和一架图-22轰炸机在南奥塞梯境内被击落,飞行员情况不明。俄军发言人介绍说,图-22轰炸机根本不可能被类似于便携防空导弹这样的近程防空武器所击落,因为后者的射程和射高通常都不会超过5千米,而图-22执行轰炸任务时的飞行高度要明显超过这一距离。

TUPOLEV TU-22M

图-22M轰炸机（苏联）

简要介绍

  图-22M轰炸机，北约代号"逆火"，是苏联一型双发变后掠翼超声速远程战略轰炸机。它是图-22的全新改进型，既可以进行战略核轰炸，也可以进行战术轰炸，尤其是携带大威力反舰导弹，远距离快速奔袭，攻击航空母舰编队，部署在任何一个地方，对战略空间都是一种巨大的威慑。

研制历程

  图-22轰炸机作为苏联的第一种超声速轰炸机，性能和航程不是非常令人满意，飞机加满油和导弹后，根本无法进行超声速飞行，就算到达目标附近时其速度达到1837.62千米/小时，也无法有效规避当时北约的战斗机和防空导弹的拦截。因此只是少量装备，并责成各设计局开发下一代超声速轰炸机来取代图-16和图-22。

  1965年，苏联公布新设计案的需求为航程至少5000千米，高空速率最少2450.16千米/小时，低空穿透速率至少1225.08千米/小时，载弹量20吨，并且能够在刚刚整备完成的前线机场操作。

  1966年，苏联军方正式下令开发全新的图-22M轰炸机。图波列夫设计局（现俄罗斯联合航空制造集团）加紧设计，最后设计出的图-22M优异地超出了军方的要求。1969年6月，图-22M第一款生产型终于出厂。1972年首飞。总计生产了约500架，苏联解体后由于其维修复杂，加上经济原因，于1993年停产。

▲ 图-22M 轰炸机机群

基本参数	
长度	42.46米
翼展	34.28米
高度	11.08米
空重	58000千克
最大起飞重量	126000千克
动力系统	两台NK-25加力涡扇发动机
最大航速	2818千米/小时
实用升限	18000米
最大航程	12000千米

■ 作战性能

　　图–22M性能大大超过了图–22。图–22M3轰炸机最大武器挂载24吨，机翼和机腹下可挂载3枚Kh–22空对地导弹，机身武器舱内有旋转发射架，可挂6枚RKV–500B（AS–16）短距攻击导弹，也可挂载各型精确制导炸弹。更为先进的Kh–101型导弹也配备常规弹头，由于其圆误差概率仅为10米，也被称为"高精度导弹"。而Kh–22型导弹则作为图–22M3型轰炸机的远程反舰利器。图–22M3具有陆上和海上下视能力的远距探测雷达、轰炸导航雷达、多普勒导航和计算系统，还安装有SRZO–2敌我识别器、"警笛"3全向警戒雷达等电子对抗设备。

▲ 图 -22M 轰炸机设计的是可变后掠翼。飞行员可根据各种飞行模式选择 4 种机翼后掠角度。20°后掠角用于起飞和降落，30°用于爬升开始和长时间亚声速巡航时，50°用于低空跨声速飞行突破防空线，60°用于超声速巡航

■ 知识链接

　　第一次车臣冲突中，远程航空兵主要从恩格斯机场派出了14架图–22M3轰炸机，共出动172架次，其中攻击武装组织目标60架次、对道路和山口地段实施布雷65架次、对目标和地面实施照明24架次、转场23架次，共飞行737小时。在攻占格罗兹尼战役开始前，12月1日前线航空兵和远程航空兵又驾驶图–22M3对汉卡拉、卡利诺夫斯卡亚和北格罗兹尼3个机场实施了2次轰炸突击。

TUPOLEV TU-95

图-95轰炸机（苏联 / 俄罗斯）

简要介绍

图-95轰炸机，北约代号"熊"，是一型远程战略轰炸机。它在设计上采用后掠机翼，翼上装4台涡桨发动机，每台发动机驱动两个大直径反转四叶螺旋桨。除用作战略轰炸机之外，还可以执行电子侦察、照相侦察、海上巡逻反潜和通信中继等任务。1961年，苏联测试的人类历史上威力最大的人造爆炸装置"沙皇"氢弹，就是由它投掷的。2007年8月18日，俄罗斯总统普京宣布，停止15年之久的图-95境外定期巡逻飞行任务将恢复执行。飞行区域包括大西洋、北冰洋、太平洋、黑海海域及北极地区上空。

▶ 北约 F-14 战斗机伴飞图 -95

研制历程

图-95于1951年7月以"项目95"的代号，由苏联部长会议发文正式立项，开始研制。11月完成全比例实体模型，安装2TV-2F发动机的"95-1"原型机于1952年11月12日首次试飞。1955年2月安装TV-12发动机的"95-2"原型机首次升空，同年夏天该项目被正式命名为图-95并获批参加1956年的图西诺航空展。

1956年8月到1957年2月，所有生产型图-95换装NK-12M型发动机，改进后型号命名为图-95M。首批生产型于1956年开始交付使用。早期型生产300多架，20世纪80年代中期，又进行了大改并恢复生产。

基本参数	
长度	46.7米
翼展	50米
高度	12.12米
空重	83100千克
最大起飞重量	172000千克
动力系统	4台库兹涅佐夫NK-12涡轮螺旋桨发动机
最大航速	870千米 / 小时
实用升限	13400米
最大航程	13400千米

■ 作战性能

图-95轰炸机性能优异, 备受苏俄空军厚爱, 自20世纪50年代以来, 苏联一共生产了500多架图-95, 其中至少55架仍在俄罗斯空军服役, 而更多的海上巡逻机版本则效力俄罗斯和印度的海军。和美国空军的B-52轰炸机一样, 图-95很难被取代, 通过不断升级改型, 按照俄罗斯的预算它将服役到2040年。

▶ 图-95机身为半硬壳式全金属结构, 截面呈圆形, 由机身前段、机身中段和尾段组成, 前段有透明机头罩、雷达舱、领航员舱和驾驶舱。后期改进型号取消了透明机头罩, 改为安装大型火控雷达。机翼穿过机身中段, 机翼后是弹舱。尾段上装有尾部炮塔

▲ 图-95采用后掠机翼, 翼上装4台NK-12涡桨发动机。仰仗NK-12发动机强悍的性能, 使图-95成为速度最快、最大的螺旋桨飞机

■ 知识链接

1961年10月30日, 图-95V携超级氢弹成功进行实验。2016年11月, 俄军出动图-95MS, 首次使用X-101巡航导弹在地中海上空对叙利亚的极端武装设施发起精确打击。这次行动从俄境内机场起飞, 并完成了两次空中加油, 航程超过11000千米。

TUPOLEV TU-160
图-160轰炸机（苏联/俄罗斯）

■ 简要介绍

图-160轰炸机，北约代号"海盗旗"，是一型超声速变后掠翼远程战略轰炸机。它是世界上最大的轰炸机，同时也装备着世界上推力最强劲的军用航空发动机，旨在替换图-22M轰炸机，并与美国空军的B-1轰炸机相抗衡。其作战方式以高空亚声速巡航、低空亚声速或高空超声速突袭为主，在高空时可发射长程巡航导弹在敌人防空网外进行攻击；担任防空压制任务时，可以发射短距离导弹。此外还可以低空突袭，用核弹头的炸弹或是发射导弹攻击重要目标。

■ 研制历程

1967年苏联空军提出一种多用途洲际轰炸侦察机，在18000米高空速度3200千米/小时~3500千米/小时，高空亚声速航程16000千米~18000千米，具有超声速巡航能力。最初竞标的是苏霍伊设计局和米亚西舍夫设计局。然而专家们研究后认为，按当时的技术条件，研制这种飞机是不现实的，因而项目中止。

1970年，苏联空军降低了技术要求，最大亚声速航程缩减为14000千米~16000千米，冲刺速度为2000千米/小时。参加竞标的为图波列夫设计局和米亚西舍夫设计局，评审结果图波列夫设计局获胜，内部设计编号为70号工程。

然而图波列夫设计局的研制并不顺利，1975年1月，图波列夫设计局停止设计工作，转而改由米亚西舍夫设计局来设计。因此可以说，图-160是上述两家设计局共同设计的。1981年12月19日，图-160原型机首飞，1987年开始装备部队，1988年形成初始作战能力。

基本参数	
长度	54.09米
翼展	55.7米
高度	13.2米
空重	110000千克
最大起飞重量	275000千克
动力系统	4台库兹涅佐夫NK-32加力涡扇发动机
最大航速	2511千米/小时
实用升限	21000米
最大航程	16000千米

■ 作战性能

图-160有两个武器舱，均可容纳一个能发射6枚AS-15"撑竿"亚声速空射巡航导弹的旋转发射架，也可携带巡航导弹、短距攻击导弹、核弹、常规炸弹和鱼雷等多种武器。此外也可以更换挂架携带常规炸弹。它安装有齐备的火控、导航系统，有能够在远距离预先发现地面和海上目标的预警雷达。此外，还安装了光电瞄准具、地形跟踪系统、主动/被动的电子对抗系统和空中加油系统等。图-160速度比美国B-1轰炸机快80%，比B-1轰炸机大将近35%，航程比B-1轰炸机多出将近45%。

▶ 图-160轰炸机最显著的特点是采用翼身融合体设计，机翼为变后掠翼。总体气动布局与美国的B-1B极为相似。相似的总体布局表明，两国设计者均想通过采用同样的办法来解决一个共同的问题，即将轰炸机航程远、续航时间长和武器载荷大的特点与低空高亚声速和高空高超声速突防能力结合起来

■ 知识链接

2003年9月18日，在俄罗斯萨拉托夫地区恩格斯空军基地附近，发生了一架图-160坠毁的严重事故，4名乘员全部丧生。事后俄罗斯停飞了所有图-160。俄空军称，引起事故的原因是一台新发动机着火。飞机上的乘员在事发时，驾驶该飞机远离了有20000人居住的村落和巨大的地下天然气储存设施，避免了一场严重的环境灾害

◀ 图-160飞行操纵采用中央驾驶杆，驾驶舱内的仪表设备有传统的，也有机械电子的。在驾驶舱内还有休息室、厕所和食品加热柜等

PETLYAKOV PE-2
佩-2轰炸机（苏联）

简要介绍

佩-2轻型轰炸机，是二战时最著名的苏联轰炸机。佩-2有较高速度和高度，能渗透德国的防空系统阻截德国增兵。而由它改装的佩-3是苏德战争初期唯一能拦截德国高空轰炸机的战斗机。正因为如此，它备受军方重视而大量生产，为苏联战胜德国立下不朽功勋。

研制历程

1938年，佩特利亚科夫在重型佩-8轰炸机成功后，即着手开发一种双发双座式高空重战斗机，编号VI-100，后又修改为三座水平轻轰炸机，又加上了一个俯冲制动器，可以兼用作俯冲轰炸机，在1940年试飞成功开始量产，并以佩-2之名服役。1941年开始，又用它衍生出佩-3重型战斗机，这是苏联当时唯一的双发双座战斗机。

1944年，为满足苏联最高领导人将佩-2速度提高的命令，飞机换装更大马力的VK-107A发动机，减少无线电员，将背部炮塔改为尾部遥控炮塔等，最大速度已经达到656千米/小时，载弹量也加大至2000千克。到战争结束，苏联一直生产该型。

▲ 1944 年 6 月，苏联飞行员和地勤人员在一架佩 -2 俯冲轰炸机前拍照

基本参数	
长度	12.66米
翼展	17.16米
高度	3.1米
空重	5850千克
最大起飞重量	8520千克
动力系统	克里莫夫M105RA水冷发动机
最大航速	540千米/小时
实用升限	8800米
最大航程	1200米

■ 作战性能

　　本机为战时苏式飞机中的另类代表，完全不像其他战时机型简陋，性能也足和P-38或Bf-110匹敌。不足的地方，只有少数佩-3R像P-38或Bf-110发展成为夜间战斗机，而以本机的构造安装雷达完全不成问题。

▶ 佩-2 设计出色，
做工精良

▲ 1942 年，喀山的第 22 号工厂加紧制造前线急需的佩 -2 轻型轰炸机

■ 知识链接

　　1941年，苏联北方舰队航空兵部队准备进行一次轰炸行动。一架佩-2双发轻型轰炸机挂载炸弹，准备执行任务。由于当地靠近北极圈，运送炸弹是用雪橇与驯鹿。驯鹿与轰炸机，构成了苏军轰炸机部队的一道特殊风景。佩-2是当时苏军少有的能够突破德军防空网，对其后方进行轰炸的飞机。由于使用雪橇与驯鹿，开战前的士兵没有了慌乱情绪。

PETLYAKOV PE-8
佩-8轰炸机（苏联）

简要介绍

佩-8是苏联在二战中研制、生产的一种重型轰炸机，也是苏联空军在二战中为数不多可用的四发重型轰炸机。在卫国战争中一直使用，最著名的行动是对柏林的夜间空袭和运送莫洛托夫从莫斯科到华盛顿，中途在苏格兰、冰岛、加拿大加油。

研制历程

1934年，苏联飞机设计大师安德列·图波列夫在ANT-40的基础上发展一种四发重轰炸机，命名为ANT-42。随着图波列夫在大清洗中入狱，该机的研制工作被转移到佩特利亚科夫设计局进行。

1936年12月，ANT-42在苏联格罗莫夫试飞院投入试飞，但是并没有成功。1937年4月，佩特利亚科夫本人也因为研发进度落后被关进劳改营，于是交由约瑟夫·涅茨瓦尔负责。

1939年，军方一度考虑中止研发计划。为了拯救计划，设计师开始提出使用其他发动机的方案，但是都不成功。

1940年，设计师又推出了安装Shvetso-vASh-82发动机以及AM-35发动机的改良型，这两款发动机提供了稳定的表现，但是在航程上却大幅度缩短。1941年，军方正式决定更换发动机，并赋予佩-8正式编号。

1940年5月，该机公开展示。佩特利亚科夫在同年7月释放，回到设计局继续辅助TB-7量产，到1940年10月，一共生产了93架。

基本参数	
长度	23.2米
翼展	39.13米
高度	6.2米
空重	18571千克
最大起飞重量	35000千克
动力系统	4台米库林AM-35的液冷V12发动机
最大航速	443千米/小时
最大航程	3700千米

■ 作战性能

　　单以佩–8的技术数据而言，这款飞机的性能与同时期欧美四发重轰炸机接近。但是在美国租借法案援助的轰炸机的性能普遍超越佩–8的情况下，这款轰炸机的存在价值便降低了，并且在1944年春季之后退出第一线作战任务。

◀ 第二次世界大战中，佩–8重型轰炸机于1941年开始轰炸柏林，这张照片于1942年5月19日至6月13日期间在美国拍摄，是当时苏联外交部长莫洛托夫的专机

▶ 佩–8后炮手位

■ 实战表现

　　佩–8投产后，仅装备在少数部队，即432特别轰炸机团以及补充用的433团。之后，这两个单位分别被改编为746和890轰炸机团。在作战记录上，佩–8比较显著的战斗记录为1941年8月11日对柏林的轰炸。这场轰炸动用了12架佩–8，但是因为发动机故障以及迷航等因素，最后仅有4架完成任务，轰炸的宣传作用大于作战实质效果。

■ 知识链接

　　除了轰炸任务以外，佩–8于其他领域较为突出的事件是在1942年5月19日至6月13日载运苏联外交部长莫洛托夫代表团，自莫斯科飞往伦敦及华盛顿特区与同盟国军队谈判开辟第二战场的相关事宜，途中经过德国领空没有遭遇任何阻拦。二战后，残余的佩–8于战争结束后转用运输业务并服役到20世纪50年代末期退役。

SU-24 FENCER
苏-24战斗轰炸机（苏联／俄罗斯

简要介绍

　　苏-24战斗轰炸机，北约代号"击剑手"，是一型全天候、超声速、变后掠翼双座双发战斗轰炸机。它是苏联第一种搭载数字化攻击瞄准、地形导航航电系统的飞机，标志着苏联飞机的火控和电子技术水平上了一个台阶。苏-24的可变后掠翼设计两种模式下使其能以1225.08千米/小时速度低空突防或以1592.61千米/小时速度高空突防。苏-24频繁活跃在苏俄及其引进国大小军事事件中，由于叙利亚的引进和俄罗斯参与叙利亚内战，近几年作为主力打击飞机的苏-24更加频繁地进入人们的视线。

研制历程

　　1964年，当时为增强对北约纵深目标的打击能力，苏联前线航空兵迫切需要一种新型攻击机取代载弹量小、航程短且速度不快的伊尔-28轰炸机。

　　1965年，苏霍伊设计局开发出设计编号为T-6的原型机。依照"两条腿走路"的原则，原型机包括两种型号：一种是采用三角翼，安装升力喷气发动机的短距起降型，编号T-6-11；另一种采用可变后掠翼型，编号T-6-21。

　　T-6-11于1967年6月首次试飞，经过一系列测试后发现，该型的载弹量比可变后掠翼型小很多。最后，苏霍伊设计局决定放弃短距起降型。

　　1968年8月7日，苏联航空部决定改用变后掠翼方案T-6-21。经过5年多的试飞，性能获得了军方的认可。

　　1975年2月4日，T-6正式入役，定名苏-24。1974年，苏-24开始在苏联空军形成战斗力。苏-24总制造数量逾千架。

▲ 苏-24内部空间大，机身宽而修长，并排座驾驶舱可以容纳两人

基本参数	
长度	22.53米
翼展	17.64米
高度	6.19米
空重	22300千克
最大起飞重量	43755千克
动力系统	两台AL-21F-G涡喷发动机
最大航速	1654千米/小时
实用升限	11000米
最大航程	2775千米

■ 作战性能

苏-24共8个外挂点，能携带8吨重的外挂载荷，包括空对空导弹、空地导弹、航空炸弹、火箭弹甚至核武器，具备强大的对地攻击轰炸和一定的空战格斗能力。苏-24整个的导航观瞄系统被称为PNS-24，PNS-24可实现以下功能：地形跟踪、武器制导、目标搜索锁定和指示、水平或上升投弹、雷达告警和反雷达导弹压制、自动或半自动降落驾驶。

■ 知识链接

2015年11月24日，一架疑经过土耳其领空的俄罗斯苏-24被土耳其空军的F-16战斗机击落，飞机坠毁在叙利亚境内。俄罗斯随即对土耳其提出严正抗议和交涉，终止和土耳其方面的所有军事合作，俄罗斯海军1164型巡洋舰"莫斯科"号抵近土叙沿海，并继续向叙利亚增派军事力量。最后，这次危机通过和平手段解决。

▲ 苏-24 的可变后掠翼设计两种模式下使得其能以 1225.08 千米 / 小时速度低空突防或以 1592.61 千米 / 小时速度高空突防

SU-34 FULLBACK
苏-34战斗轰炸机（苏联/俄罗斯

简要介绍

苏-34战斗轰炸机，北约代号"鸭嘴兽"，是一型高机动性、全天候、超声速、双发双座战斗轰炸机。苏-34战斗轰炸机继承了苏-27战斗机家族优异的气动外形设计，最大特征是其扁平的头部，原因是其采用了并列双座的设计，使得其头部加大，同时为了减小体积而将头部设计成扁平，并采用了许多先进的装备，如新型火控计算机、液晶显示器、新型数据链、后视雷达等。

研制历程

1986年6月，苏霍伊设计局开始设计一种全新的战术轰炸机，目标是在20世纪90年代中期开始取代可变翼的苏-24战术轰炸机。这种飞机是在苏-27基础上研制的。第二架原型机T10V-2的机身设计更加细化，与后来的续预生产和生产型大体类似。其试验机在1990年4月首飞。

▲ 苏-34 先进的并列座舱

预生产型于1993年12月18日首飞。原预计在2002年全面列装，但是因为苏联解体导致的资金不足，直到2007年7月俄罗斯国防部才宣布正式接收。

军方总计订购了124架，接收数量逐年攀升，2013年接收19架，2014年接收18架，截至2018年12月，俄罗斯空军共装备了120架苏-34。

基本参数	
长度	21.49米
翼展	14.7米
高度	6.5米
空重	22500千克
最大起飞重量	45000千克
动力系统	两台AL-31FM1加力涡扇发动机
最大航速	2205千米/小时
实用升限	15000米
最大航程	4500千米

■ 作战性能

苏-34保留了苏-27UB的总体气动布局，但机身结构是全新的，这是为了能在前机身和机鼻部分塞进并列双座座舱和体积庞大的电子设备和更多的燃油。苏-34的所有主要机身结构都得到了加强，以承受增加的操作重量。苏-34还保留了其前身令人印象深刻的机动能力。苏-34具有与苏-33舰载型类似的鸭翼，鸭翼有助于恢复气动平衡，提高机动性。

与俄罗斯任何其他轰炸机相比，苏-34能挂载更多种类的空面制导武器。弹药可挂在机身的4个外挂点、翼下的6个外挂点以及翼尖的两个外挂点上。苏-34具有强大的反舰能力。其最重要的航电系统为头部的V004雷达，此雷达在空地模式中可以同时攻击2个空中目标，在空对空模式中可以同时攻击4个。

◀ 苏-34配有最新型火控雷达，装备了光电火控系统以及红外前视系统观瞄吊舱，具有全天候作战能力

◀ 机头采用并列双座设计，形状扁平状似鸭嘴

■ 知识链接

2015年9月6日，鉴于叙利亚局势持续动荡，俄罗斯宣布派遣空中力量进驻叙利亚，其中包括6架苏-34在内的俄罗斯空军单位于9月30日前后陆续抵达叙利亚，执行对ISIS的空中打击任务。2015年，苏-24被土耳其击落事件发生后，俄罗斯空天部队发言人伊戈尔·克利莫夫称，将要求在叙执行任务的苏-34加挂空空导弹，为避免苏-24事件再次发生。

M-4 BISON

米亚-4轰炸机（苏联）

简要介绍

　　米亚-4轰炸机，北约代号"重锤"，是苏联第一种喷气式战略轰炸机，是苏联历史上与图-16并列最早出现的四发喷气式战略轰炸机。可执行轰炸或侦察任务，部分还改成了空中加油机，海军航空兵中有少量能执行远程海上侦察和反潜任务的该型飞机。

研制历程

　　1947年冷战爆发，美国提出用300枚原子弹毁灭苏联，西方强有力的战略航空兵成为苏联的威胁。当时苏联的核弹投送工具只有苏版图-4轰炸机一种，但喷气时代的来临使其还未来得及大规模列装就显得过时。

　　当时以图波列夫为代表的主流航空学者对喷气轰炸机仍抱怀疑态度，认为涡轮螺旋桨才是既能满足速度又能达到航程的最佳动力。图波列夫相继在图-4的基础上研制了图-80、图-85等不成功的型号，而年轻的飞机设计师米亚西舍夫是喷气式远程轰炸机的坚定支持者。

　　1948年，米亚西舍夫将发展喷气式轰炸机的研究报告获得了大多数学术专家的认可。

　　1953年夏，米亚-4首飞。1954年5月1日，首架米亚-4参加了莫斯科红场的空中检阅。

　　1956年3月27日，在米亚-4A的基础上，由设计师符拉基米尔·米哈依诺维奇改进的米亚-4B升空。1957年，米亚-4开始服役。

▶ 米亚-4将"能源"号运载火箭／暴风雪航天飞机计划中的大型组件从生产厂家空运到拜科努尔航天发射场

基本参数	
长度	47.2米
翼展	50.48米
高度	11.3米
空重	79700千克
最大起飞重量	138500千克
动力系统	4台AM-3A涡喷发动机
最大航速	947千米／小时
实用升限	14600米
最大航程	8100千米

■ 作战性能

　　米亚-4轰炸机采用水平投弹方式进行轰炸，A型机身上部在中央翼之前和之后各有一座炮塔，机身下部在前起落架之前和主起落架之后各有一座舱塔，在尾部还有一个用雷达瞄准的炮塔，每个炮塔有两门23毫米口径机炮。弹舱内可载4.5吨核弹或普通炸弹，或者在机腹下挂一枚AS-3"袋鼠"空对地导弹或一枚AS-4"厨房"空对地导弹。米亚-4B型和C型上，机身后部上、下两座炮塔取消了，正常载弹量为4.5吨，最大载弹量为12吨，可携带鱼雷、水雷，腹部可外挂一枚"鳟鱼"空对地导弹。

　　米亚-4与图-95相比，其设计概念是超前的，但是没有达到设计规定的11000千米~12000千米航程，在试验中空载也才勉强达到9800千米的航程，所以必须用空中加油来弥补航程的不足。

▶ 为了运输这些外形巨大且分量不轻的部件，米亚-4进行了全机身加固。甚至去掉原来的垂尾，新安了双垂尾，以便放下超长的部件，使得设计师为此重新设计了飞行控制系统

▲ 米亚-4改装的气体运输机

IL-28 BEAGLE
伊尔-28轰炸机（苏联）

简要介绍

伊尔-28轰炸机，北约代号"猎兔犬"，由苏联伊留申设计局研制，是苏联空军第一种双发喷气轰炸机，按照对前线军事目标和水面舰艇进行战术轰炸要求设计。它是一种融合了新旧两个时代技术特征的飞机。在20世纪50年代初，既采用了先进的喷气发动机，又保留了螺旋桨发动机的机翼气动布局。因此，难免存在局限性，影响了长期服役。60年代开始逐渐被雅克-28轰炸机取代。苏联曾经批量出口伊尔-28各型飞机到世界上20多个国家。

研制历程

苏联空军在二战中，只有以螺旋桨发动机为动力的轰炸机，而此时的德国已经率先研制成功喷气轰炸机。

根据苏联政府下达的任务，苏联伊留申设计局开始设计研发新的喷气轰炸机，采用平直机翼、双涡喷发动机翼上布置，编号为伊尔-28。

1948年7月8日原型机首飞成功，1950年开始在苏联空军和海军服役。该机是苏联第一种大批量生产的喷气轰炸机。

除了伊尔-28轰炸机外，伊尔-28系列主要型号有伊尔-28R侦察机、伊尔-28T鱼雷轰炸机和伊尔-28U教练机。伊尔-28出口改型有侦察机、鱼雷机、反潜机、靶机等。各型伊尔-28总计制造6316架。

◁ 苏联空军伊尔-28

基本参数	
长度	17.65米
翼展	21.45米
高度	6米
空重	12890千克
最大起飞重量	21200千克
动力系统	两台BK-1A涡轮喷气发动机
最大航速	900千米/小时
实用升限	12300米
最大航程	2260千米

■ 作战性能

　　伊尔-28轰炸机的机腹内部炸弹舱可携带4枚500千克或12枚250千克炸弹, 也能运载小型战术核武器。机翼下8个挂架, 可挂火箭弹或炸弹。为了提高伊尔-28的自身防御能力, 设计师在伊尔-28头部设置两门23毫米口径NR-23型机关炮, 同时设置同样采用23毫米门径NR-23型机关炮的尾部炮塔。而苏联的NR-23型机关炮, 比美国波音B-29轰炸机的同类机关炮具有更好的射界。

▲ 伊尔-28有3名乘员, 驾驶员和领航员舱在机头, 机尾有密封的通信射击员舱

TUPOLEW SB-2
SB-2轰炸机（苏联）

简要介绍

SB-2是苏联研制的一种中型快速轰炸机，"SB"是俄语"快速轰炸机"的首字母缩写，根据俄文发音将该机称为"斯勃"。这是一架采用全金属制机身，机翼为中单翼，起落架半埋在发动机后的轰炸机。它可以在相对简陋的机场起降。实战中，SB-2经常击落防御力低下的日军战斗机，而自己则很难被击落。

研制历程

1933年，苏联空军提出发展一种轻型快速轰炸机的需求，经验丰富的图波列夫设计局很快拿出方案并获得通过。第一架原型机在1934年4月试飞，随后开始量产，苏联空军赋予其SB-2的编号。

▶ SB-2 轰炸机

▲ SB-2 轰炸机的成员很少，仅有 3 人，飞机也不算重，满载重量不过 5 吨多，可以在相对简陋的机场起降。

基本参数	
长度	12.57米
翼展	20.33米
高度	3.6米
空重	4280千克
最大起飞重量	5725千克
动力系统	两台M100A风冷式发动机
最大航速	411千米 / 小时
最大航程	980千米

■ 作战性能

SB-2轰炸机定位是中型快速轰炸机,和美国、德国的中型轰炸机相比略显不足,和日军的中型轰炸机相当,但是在实战中SB-2的载弹量可以达到900千克。在防护上,SB-2设计之初就具备一定的装甲防御能力,机体和内部关键部位则采用强度很高的铬锰硅钢。自卫武器为4挺苏制7.62毫米口径机枪,可以有效形成自卫火力网。实战中,SB-2经常击落防御力低下的日军战斗机,有一次击落5架日军战斗机的战例,而自己则很难被击落。诸如1938年8月3日3架SB-2轰炸机对安庆的日军机场进行轰炸后,被日军战斗机追击,其中一架被打了70多个弹孔,仍然全身而退。

▲ SB-2 轰炸机

■ 知识链接

1937年12月2日,9架SB-2在苏联志愿队科兹洛夫的率领下,轰炸了日军的舰队,炸毁了包括一艘巡洋舰在内的7艘舰艇。事后,日军起飞6架中岛95式战斗机追击,但是其350千米/小时的速度,根本追不上SB-2。

TUPOLEV TB-3
TB-3轰炸机（苏联）

简要介绍

TB-3是苏联研制的世界上第一种四发动机下单翼重型轰炸机，在那个时代的航空界是超前的，引起各国的注意与赞叹。然而，到了苏德战争时期，它就显得落后了，很少作为轰炸机使用，主要是作为运输机使用。

研制历程

20世纪20年代初，当双发动机TB-1轰炸机开发完毕后，苏联军事科技技术局开始和中央空气动力研究院商讨下一步的轰炸机发展计划。

1925年11月21日，中央空气动力研究院获得了设计拨款，并在1926年6月9日接到了设计标准。1926年7月17日，第一架原型机开始设计，原型机的外形是TB-1的放大版。第二架原型机则尝试使用浮筒代替起落架，以备海上起降。

▶ TB-3 轰炸机

▲ TB-3 在卫国战争中很少作为轰炸机使用，主要是作为运输机进行

基本参数	
长度	16.4米
翼展	22.6米
高度	3.4米
空重	15391千克
正常起飞重量	16983千克
动力系统	4台米库林AM-34活塞发动机
最大航速	250千米 / 小时
实用升限	7000米
最大航程	2000千米

■ 作战性能

　　1941年6月战争爆发前夕, 苏联空军共储备了516架TB-3。在战争爆发初期, 苏联空军不得不动用手中一切可以投入战斗的飞机, 包括这种已经老旧过时的飞机, 来尽全力阻止德军装甲部队的推进。许多TB-3轻易地被德国空军战斗机像打鸭子一样击落, 不得不转入夜间轰炸。TB-3同样被用于向前线紧急输送人员和装备, 及小规模的空降行动。列宁格勒围城战时期, TB-3被用于对被围困的列宁格勒进行空运, 和对敌后游击队实施空投。

▲ TB-3 轰炸机

■ 实战表现

　　1938年, 60架TB-3参加了苏日在哈欣湖爆发的军事冲突。直到1939年1月为止, 苏联空军共拥有546架现役TB-3, 部署在列宁格勒军区、基辅军区和白俄罗斯军区。TB-3参与了1939年苏日间的诺门坎战役, 并投入了1939—1940年的苏芬战争。1941年6月战争爆发前夕, 苏联空军共储备了516架TB-3。

■ 知识链接

　　TB-3轰炸机是一种老式飞机, 但是在苏联空军历史上有重要作用。1933年, 苏联开始组建远程航空兵军, 到1935年已拥有400架TB-3, 1938年5月已建立3个特种使命航空兵集团军, 每个集团军中编有2个重型轰炸航空兵旅, 每旅有TB-3飞机150架～170架。成为当时世界上规模最大的重型轰炸机部队。

DE HAVILLAND MOSQUITO
蚊式轰炸机（英国）

■ 简要介绍

蚊式轰炸机，是英国研制生产的一款双发动机轰炸机。是二战时期为数不多的木质军用飞机之一，被视为英国航空史上的创新之作，也是充满了传奇色彩的一代名机。在二战期间，它除了担任日间轰炸任务以外，还有夜间战斗机、侦察机等多种衍生型。它创造了皇家空军轰炸机作战生存率的最佳纪录，享有"木头奇迹"的美誉，因此成为英国的骄傲。

■ 研制历程

1936年9月8日英国空军部颁布P.13/36技术规格，要求研制一种新式中型轰炸机。英国各大飞机制造商纷纷参与竞争，他们的方案大都采用新型大马力发动机和多炮塔设计，最终促使阿芙罗公司"曼彻斯特"双发轰炸机和汉德利–佩季公司"哈利法克斯"四发轰炸机的问世。

1937年5月，汉德利–佩季公司的总设计师乔治·福尔克特为了与P.13/36做对比，向空军部提交了一种快速轰炸机的概念。该概念在皇家空军和空军部中获得了部分支持。

然而，德·哈维兰认为用传统思路设计P.13/36只会造出平庸轰炸机，轰炸机同样需要光滑的气动外形和最小的蒙皮面积来实现高速。于是德·哈维兰公司也开始了快速轰炸机的研究。

1938年年底，德·哈维兰设计了一种依靠高速性能进行自卫、不装自卫武器的蚊式轰炸机，原型机于1940年11月25日首飞。1941—1950年间，各型累计生产了7781架，其中有部分型号是在德·哈维兰公司的加拿大和澳大利亚分公司生产的。蚊式飞机有多种改型，包括轰炸机、夜间战斗机、战斗轰炸机、侦察机等。

基本参数	
长度	13.56米
翼展	16.51米
高度	5.31米
空重	6486千克
最大起飞重量	11340千克
动力系统	两台罗尔斯–罗伊斯的梅林76 V-12活塞式发动机
最大航速	668千米/小时
实用升限	11000米
最大航程	2100千米

■ 作战性能

　　蚊式轰炸机装配有4挺7.62毫米口径机枪,4门20毫米口径机炮,载弹量900千克,携带454千克炸弹时还可带8枚27千克的火箭弹。它采用全木质结构,木材加工简便,可以缓解金属材料供应紧张的困难,有利于组织大批生产,加之蚊式飞机飞行速度快,通用性强,很快就受到英国空军的重视,成为二战期间重要的作战飞机。

　　▶ 战时英国的铝合金出现匮乏,掌握飞机金属结构制造技术的工人也十分短缺,木质的飞机能够由任何技术熟练的木匠进行生产,英国的钢琴厂、橱柜厂、家具厂都能投入飞机的生产

■ 知识链接

　　蚊式轰炸机在服役之初的速度相当于德国空军的Bf-109F和Fw-190A,德国战斗机经常会遇到爬升到截击高度时,蚊式轰炸机投弹返航,再追赶已来不及。尽管战争后期德国人研制出速度超越蚊式轰炸机的战斗机,但依然难以对付。蚊式轰炸机在夜间更是占据了绝对优势。德国人在提高夜间战斗机性能上也做了很大的努力,但从未对蚊式轰炸机产生严重威胁。

AIRCO DH-10 AMIENS

DH-10轰炸机（英国）

简要介绍

DH-10轰炸机是英国德·哈维兰公司于1918年推出的一种双发中程昼间轰炸机，是20世纪20年代最伟大的轰炸机。DH-10虽然蕴含了巨大的军事潜力，但是由于第一次世界大战（以下简称"一战"）已经结束，而且它并不适合在和平时期改装为民用飞机使用，结果DH-10只是昙花一现，很快就退出了航空舞台，但它的出现却给后来的研制者以重要启示。

研制历程

DH-10起源于1916年设计的双发DH-3A轰炸机，那时DH-3A的原型机已经研制出来，军方也开始订购，但是DH-4的出现，使英国军方取消了DH-3A的全部订单，提出一种新的双发中程昼间轰炸机。德·哈维兰在DH-3A的基础上研制了DH-10。

1918年3月DH-10首飞成功，性能让英国军方非常满意，立即下订单投入生产，但是当时英国国内的劳资纠纷和飞机本身关键性的材料短缺极大地延误了DH-10的生产计划。直到1918年10月，首批8架DH-10才正式交付英国皇家飞行团。1918年12月，DH-10轰炸机在交付258架之后结束生产。

▲ 德·哈维兰 DH-10 轰炸机机型为木质结构，外部覆盖胶合板和蒙皮，属于四隔舱双翼机，配置固定尾橇起落架

基本参数	
长度	12.08米
翼展	19.96米
高度	4.42米
空重	2533千克
最大起飞重量	4082千克
动力系统	两台普·惠"自由"12式活塞发动机
最大航速	200千米／小时
实用升限	5335米
最大航程	965千米

■ 作战性能

DH-10轰炸机机型为木质结构,外部覆盖胶合板和蒙皮,属于四隔舱双翼机,配置固定尾橇起落架。它装备4挺7.7毫米口径路易斯机枪,载弹量626千克。在20世纪20年代,它是当时作战性能无与伦比的前卫轰炸机。

■ 服役情况

一战结束后,DH-10型飞机一直服役至1923年,分别装备在印度西北边境部署的第60中队和在埃及部署的第216中队。其中,第60中队曾于1920年11月和1922年平息了印度部落暴乱,而第216中队则率先在埃及开罗和伊拉克之间开通空中运输及航空邮政服务业务。

■ 知识链接

杰弗里·德·哈维兰(1882 —1965),英国著名飞机设计师、飞行员和航空工业企业家。1910年他研制的双翼机试飞成功。同年,他受聘于英国气球军工厂,担任设计师和试飞员。1912年,他设计的BE-2双翼机创造了3960米的飞行高度纪录。一战期间,德·哈维兰研制出DH-2和DH-4战斗机,在战争中得到了广泛使用。美国政府订购了5000架DH-4作为邮政机和旅客机。

▲ 杰弗里·德·哈维兰

AVRO LANCASTER
"兰开斯特" 轰炸机（英国）

简要介绍

　　"兰开斯特"是英国研制的一种战略轰炸机，凭借它所使用的性能优异的"梅林"发动机和相当实用的大弹舱以及丰富多样的作战模式，博得了军事行家的好评。作为二战时英国最大的战略轰炸机，以夜间空袭为主要作战手段，几乎包揽了全部重要的战役、战斗任务，以小损失，赢得了巨大战果，为反法西斯事业做出了不可估量的贡献。

◀ "兰开斯特"轰炸机精准地攻击了德国工业中心周围的水坝，进而衰减德国的军事工业生产。

研制历程

　　1940年1月9日，英国空军的阿伏罗公司研制的四发动机"曼彻斯特"III型原型机首飞，表现出良好的飞行品质和可靠性。随后，新机型安装了4台更大功率的"梅林"发动机，机首、机尾、背部和机腹都安装了炮塔，增大了载油量，配置了自动充气救生筏，并于1940年10月31日进行了试飞。

　　由于新机型与早先的双发动机型号区别极大，所以有必要重新命名，因而"兰开斯特"轰炸机就此诞生。由于其极其优异的性能，很多工厂都被用来生产"兰开斯特"，使它的最终产量达到了7734架。第一个装备"兰开斯特"的是第44（罗德西亚）轰炸机中队，该中队于1940年年底接收了第一架飞机。

基本参数	
长度	21.08米
翼展	31米
高度	6.23米
乘员	6~7人
最大载弹量	9988千克
最大航程	4072千米
动力系统	4台劳斯莱斯"梅林"发动机
最大航速	462千米/小时
实用升限	5793米

■ 作战性能

  采用常规布局的"兰开斯特"轰炸机具有一副长长的梯形悬臂中单机翼，4台发动机均安置在这相对较厚的机翼上。近矩形断面的机身前部，是一个集中了空勤人员的驾驶舱，机身下部为宽大的炸弹舱，椭圆形双垂尾和可收放后三点起落架则与当时流行的重轰炸机毫无二致。后期型号可运载单颗3632千克、5448千克或9988千克高爆炸弹用于执行特殊任务。

▶ "兰开斯特"
轰炸机生产车间

■ 知识链接

  1944年11月12日，皇家空军完成了二战中最为成功的精确轰炸任务，击沉了德国号称"不沉之舰"的"提尔皮茨海军上将"号战列舰。执行这项任务的是来自第9轰炸机中队和第617轰炸机中队的29架"兰开斯特"轰炸机。自从"提尔皮茨"号1941年建成以来，皇家空军、皇家海军和苏联潜艇对它进行了不下10次攻击，然而都没能击沉它。

BARRACUDA BOMBER
"梭鱼"轰炸机（英国）

简要介绍

　　"梭鱼"轰炸机是英国使用的第一种单翼舰载战斗轰炸机，也是第一种全金属结构的此类飞机。它上单翼和奇特的"T"形尾撑使它看上去很丑，被公认为是二战所有飞机中最丑陋的飞机之一，但实战证明它是一款性能出色的战机，从北极圈到地中海，再到马来亚，到处都活跃着它的身影。它执行的任务主要包括俯冲轰炸德国主力舰船并攻击其护航队，在欧洲敌占港口布雷以及为同盟国军队对意大利的作战行动提供支援，在东南亚战场轰炸日军在岛屿及沿海岸线的各种地面设施，后期装有机载雷达的MKIII还可执行反潜任务。

研制历程

　　1938年7月，英国费里公司的新型轰炸机设计方案在提交的6种设计方案中脱颖而出。1940年12月7日原型机顺利完成首飞，1941年6月29日又进行了第二次飞行。1943年1月10日，第一架"梭鱼"轰炸机在皇家海军舰队航空兵第827中队正式进入服役并被部署到北大西洋地区。

▲ 1939年，第820中队"梭鱼"式飞过英国海军皇家方舟航母上空

基本参数	
长度	12.12米
翼展	14.99米
高度	4.62米
空重	4250千克
最大起飞重量	6409千克
动力系统	劳斯莱斯"梅林"30发动机
最大航速	367千米/小时
最大航程	1104千米

■ 作战性能

　　"梭鱼"轰炸机最吸引人眼球的地方是它那少见的上单翼结构和一对巨大的下悬式杨曼襟翼。杨曼襟翼的使用则是此设计方案的一个亮点，襟翼的角度可以改变以适应飞机做不同的飞行姿态，当飞机水平飞行时襟翼也保持水平，起飞时微微下压，着舰时则完全放下，而做俯冲攻击时襟翼要向上折起。这使飞机既能拥有较快的飞行速度、良好的俯冲性能，又可以在舰上起降时把速度尽可能降低，且襟翼的动作不会影响到飞机的平衡。

▲ "梭鱼"编队

▲ "梭鱼"也可以从水中起降

■ 知识链接

　　尽管"梭鱼"也有2000多架的产量且为皇家海军舰队征战了十几年的时间，但在退役之后却连一架完整的也没有留下来。现存于世的只有英国皇家海军航空兵博物馆里两架坠毁"梭鱼"的几大片残骸，并有一个机头做公开展示。

VICKERS VALIANT
"勇士"轰炸机（英国）

■ 简要介绍

　　"勇士"轰炸机是英国二战后生产的著名"3V"战略轰炸机之一，它是英国最早的战略轰炸机，初入伍时是极其荣光的。1962年以后，随着苏联防空体系的改进以及"火神"和"胜利者"的相继服役，"勇士"逐渐退出战略轰炸领域，除了继续充当战略侦察机和空中加油机外，开始更多地承担起低空战术轰炸任务。

■ 研制历程

　　1947年1月，英国航空部向英国各大飞机制造商发出了方案征集邀请。不久，汉德利·佩奇和霍克·希德利两家提出的方案难分伯仲，于是一并采纳，这即是"胜利者"和"火神"。于是另一家竞争者维克斯-阿姆斯特朗公司就此出局，但其设计师乔治·爱德华兹却不肯放弃，他向航空部许诺，能够在1951年交付原型机，1953年就可以投入批量生产。英国航空部同意了。

　　1951年5月18日，第一架"勇士"原型机首飞。1952年4月11日，第二架"勇士"原型机首飞。第一架生产型"勇士"在1953年12月首飞，1955年1月交付皇家空军使用。随着它的服役，以"3V"轰炸机为支柱的英国战略轰炸力量开始成形。

▲ "勇士"的乘员包括正副驾驶、两名领航员和一名电子设备操作员

基本参数	
长度	32.99米
翼展	34.85米
高度	9.8米
最大起飞重量	63503千克
最大载弹量	9525千克
动力系统	4台罗尔斯·罗伊斯RA.28 "Av-on" 204/205
最大航速	912千米/小时
实用升限	16460米
最大航程	7242千米

■ 作战性能

"勇士"战斗机可以在弹舱内挂载1枚4500千克的核弹或者21枚450千克常规炸弹。此外，它还可以在两侧翼下各携带一个7500升的副油箱，用于增大飞机航程。与"胜利者"或"火神"相比，"勇士"的设计是比较保守的。

■ 实战表现

1957年3月，第49中队的4架"勇士"被派往太平洋上的圣诞岛，参加试验氢弹的"挂钩行动"。5月15日，XD818号机在圣诞岛上空投下了英国第一枚空投氢弹"小绿色花岗岩"。这次试验只取得了部分成功，氢弹虽然成功起爆，当量却只有原先预期值的三分之一。

▲ 因为发动机推力提高，对进气量的要求也随之增加，进气口就改成了面积较大的椭圆形

■ 知识链接

"勇士"轰炸机是英国著名的"3V"轰炸机中最早的型号，所谓"3V"轰炸机，是指"勇士（Valiant）""火神（Vulcan）"和"胜利者（Victor）"三种英国大型远程轰炸机，它们的英文名都以"V"字打头。在"北极星"潜射导弹装备英国战略核潜艇后，英国将战略核打击力量交由战略核潜艇负责，"3V"轰炸机从此功成身退。

AVRO VULCAN
"火神" 轰炸机（英国）

■ 简要介绍

　　"火神"轰炸机是英国皇家空军装备的第二种战略轰炸机，是英国二战后装备的"3V"战略轰炸机之一。它采用无尾三角翼气动布局，是世界上最早的一种三角翼轰炸机。它参加过马岛战役，立下了赫赫战功。

■ 研制历程

　　1947年，英国空军部B.35/46高空远程核打击轰炸机招标。霍克·西德利公司提交了698型方案参与招标。698型符合空军部的要求，于是在1947签订了研制合同，内容包括制造一架模型、几架验证机以及两架原型机。

　　1952年8月，第一架原型机首次试飞。1952年7月，军方订购了25架"火神"轰炸机。1955年2月4日，第一架生产型"火神"轰炸机首飞。

　　"火神"改型的设计工作始于1955年年末，正式编号"火神"B.2，1956年5月获得空军部的正式研制授权。1957年8月31日，第二架"火神"原型机改装了"2C阶段"机翼和"奥林巴斯"102发动机后开始试飞评估。1960年7月第一架"火神"B.2交付皇家空军。

▲ 火神轰炸机采用无尾三角翼气动布局，是世界上最早的一种三角翼轰炸机。

基本参数	
长度	29.59米
翼展	30.3米
高度	8米
空重	37144千克
最大起飞重量	77111千克
动力系统	4台布里斯托尔–奥林巴斯101涡喷发动机
最大航速	1038千米 / 小时
实用升限	17000米
最大航程	7650千米

■ 作战性能

"火神"轰炸机的首要任务是核打击,当然也能实施常规轰炸,通常的挂载方案是21枚450千克炸弹,挂载在弹舱内的3个串列挂架上,投弹时交错投放以保持重心平衡。"火神"B.2一开始装备的是"黄日"Mk 2氢弹,不过皇家空军在"火神"服役之初就计划了一种火箭动力防区外武器——阿芙罗"蓝钢"导弹。"火神"B.2具有很好的高空性能,大机翼使该机在截击机转弯都困难的高空也能保持很好的敏捷性。虽然当时还没有雷达隐身技术,但"火神"的准飞翼布局和折线前缘使该机的雷达截面积很小,不易被当时的雷达发现,该机被机组称为"锡三角"。

▲ "火神"B.1的载弹量是9450千克,弹舱宽3.2米,长8.84米

▲ "火神"B.1的乘员编制是5人,包括正副飞行员、导航员/投弹手、雷达操作员、系统操作员

■ 知识链接

1982年,英阿马岛战争期间,"火神"轰炸机从阿森松空军基地起飞,执行向阿根廷斯坦利港机场轰炸的任务,并将行动命名为"黑羊行动"。因为这能阻止阿空军使用跑道,而且英军夺岛后也能轻易修复。雷霆万钧的轰炸还能严重打击驻岛阿军的士气,并能起到吓阻阿军、迫使其把资源用于加强本土防卫的作用。

HANDLEY PAGE VICTOR
"胜利者" 轰炸机（英国）

简要介绍

　　"胜利者"轰炸机是英国的喷气式战略轰炸机，是著名的"3V"轰炸机之一，参加了马岛战役和海湾战争，在战争中有不错的表现。但是英雄迟暮，到1993年时，它已经服役了36年，确实显得老了，终于它被VC-10轰炸机所取代，同年的10月15日，最后一个"胜利者"轰炸机队55中队解散。

研制历程

　　1947年初，英国皇家空军提出设计要求，汉德利·佩奇公司的设计方案入选，1949年签订原型研制合同。为避免研制风险，汉德利·佩奇公司决定先在一种小型机体上测试他们新设计的月牙机翼/尾翼。他们购买了休泼马林510的机身，短暂停留后运往布莱克本，在那里安装上月牙形机翼和T形尾翼。1952年12月24日，原型机首飞成功。1956年初，第一架生产型"胜利者"下线并于2月1日首飞。1957年11月生产型交付使用，作为英国最后一种战略轰炸机已于1993年退役。

▲ "胜利者"轰炸机的驾驶舱

基本参数	
长度	35米
翼展	33.5米
高度	8.6米
空重	40468千克
最大起飞重量	85000千克
动力系统	4台"康维"201涡轮风扇发动机
最大航速	1014千米/小时
实用升限	18300米
最大航程	8000千米

■ 作战性能

　　"胜利者"轰炸机机头装有雷达，尾锥内装有电子对抗装置。装备有1枚"蓝钢"核导弹，半埋式挂于机腹弹舱，或35枚454千克常规炸弹，或4枚美制"天弩"空地导弹（机翼下每侧两枚）。"胜利者"采用月牙形机翼和高平尾布局，4台发动机装于翼根，采用两侧翼根进气。
由于机鼻雷达占据了机鼻下部的非密封隔舱，"胜利者"的座舱一直延伸至机鼻，提供了更大的空间和更佳的视野。

▲ 地勤人员正在为"火神"轰炸机加装"蓝钢"导弹

▲ "胜利者"气密座舱内设 5 个成员。前排是正副驾驶员，后排为领航员、雷达操作员和电子设备操作员

■ 知识链接

　　"胜利者"轰炸机在海湾战争证明了自己，与多国部队并肩作战，不仅为皇家空军服务，亦为盟国战机包括美国提供油料。共完成了299次任务，成功率达100%。其中6架由55中队的安迪·普赖斯下士提议，绘上了机鼻艺术，并以机长的妻子或女友的名字命名，战绩（以小油桶表示）也被标示其上，包括一次不平常的"击落"——一架"胜利者"在滑行时撞上了一辆卡车，并将之摧毁。

FARMAN F.220

F.220轰炸机（法国）

简要介绍

F.220系列轰炸机包括F.220、F.221、F.222、NC.223等各型轰炸机，是法国生产的一种4座夜间轰炸机。虽然其貌不扬，并且性能一般，但是F.220系列轰炸机还是为法国空军做出了自己的贡献。尤其是对柏林的一次单枪匹马的远征，更是为其在二战史上取得了不朽的地位。

◀ F.220系列用的是"土地神－罗纳"系列发动机

研制历程

1929年，法国航空技术局要求国内厂家为空军研制一种新式轰炸机。在所有参与投标的方案中，法尔芒公司的设计中标，并于1930年1月31日获得了为空军制造两架原型机的合同。第2架原型机在1933年11月成功地进行了首航，用"土地神－罗纳"14缸星型空冷发动机替换了一号机上的液冷发动机。

到1935年8月，军部将第一架生产型送回了法尔芒公司，希望能在其上试验可收放式的起落架以便进一步提升该机性能，并于年末成功试飞。

第1架飞机在1937年11月完工后被送到位于维拉库布莱的航空器材实验中心，由军方进行正式的飞行测试，而最后一架F.220亦在1938年5月20日完成交付。

▲ 其貌不扬外加性能平平的法尔芒F.220系列轰炸机还是为法国空军做出了自己的贡献

基本参数	
高度	5.2米
翼展	36米
空重	10474千克
最大起飞重量	18675千克
动力系统	4台"土地神－罗纳"14N11/15发动机
最大航速	320千米／小时
实用升限	8000米
最大航程	1995千米

■ 作战性能

F.222.2是一种全金属结构的上单翼飞机,不过各个控制舵面仍旧保留了布制蒙皮。该机体积庞大,从弹药的携带量上看,称为重轰炸机名副其实。它可以在机身弹舱内携带4185千克炸弹,挂载20枚200千克炸弹或40枚100千克的炸弹出击是通常的配置方案,当然也可以根据所选择炸弹大小的不同而自由组合。自卫武器主要是3挺安置在机头、机背和机腹机枪塔内的7.5毫米口径MAC1934型机枪。

■ 实战表现

1940年5月10日,德国向西欧发起进攻时,法国本土仍驻有28架F.222轰炸机。其中11架飞机属于GBI/15中队,GBII/15中队有10架F.222,还有7架F.222在其他部队手中。5月14日夜,6架F.222趁着夜色轰炸了色当要塞外的德军阵地,第一次真正执行了设计赋予其的用途。

▲ F.220自卫武器主要是3挺安置在机头、机背和机腹机枪塔内的7.5毫米口径MAC1934型机枪

DASSAULT MIRAGE IV

"幻影" IV 轰炸机（法国）

■ 简要介绍

　　"幻影" IV 战略轰炸机由法国达索公司研制，主要用于携带核弹或核巡航导弹高速突破防守，攻击敌战略目标。它可能是现代世界上最小巧的超声速战略轰炸机，在法国总统的直接指挥下担任法国核打击力量的先锋。

■ 研制历程

　　1956年，法国为建立独立的核威慑力量，在优先发展导弹的同时，由空军负责组织研制一种能携带原子弹执行核攻击的轰炸机。南方飞机公司和达索公司展开了竞争，前者推出了"秃鹰" II 战术轰炸机的改型"超秃鹰"-4060，后者研制"幻影" III 的发展型"幻影" IV。法空军最后选中了"幻影" IV。

　　1959年6月17日，"幻影" IV 原型机首飞。第一架预生产型飞机用作轰炸试验，于1961年10月12日首飞。第二架用来研究导航系统和在头部加装有空中加油系统，与KC-135F加油机配合进行空中加油试验。第三架是完全的实用型，于1963年1月23日首飞。1964年底开始在法国战略空军服役。

▲ "幻影" IV（上）与"幻影" III（下）机体对比

基本参数	
长度	23.49米
翼展	11.85米
高度	5.4米
空重	14500千克
最大起飞重量	33500千克
动力系统	两台"阿塔"9K加力发动机
最大航速	2695千米/小时
实用升限	20000米
最大航程	3700千米

■ 作战性能

　　"幻影"IV基本型的武器为半埋在机腹下的1枚5万吨TNT炸药爆炸威力的核弹，或16枚454千克炸弹，或4枚AS.37空对地导弹。严格地讲，"幻影"IV不能算是一种真正的轰炸机，而像是一种专用的核攻击机，携带核弹利用高速进行突防，任务单一，这种作战思想可能不适合美国空军的要求，但却非常适用于法国。"幻影"IV尽管很有特色，但与美苏先进战略轰炸机相比，明显偏小，难以形成更为强大的威慑力。

▶ 有了"幻影"IV，法国最初的核威慑才真正起了作用

▲ "幻影"IV 轰炸机可以说凝聚了当时法国航空工业的精华，直接按战斗机放大来设计轰炸机，则大大减少了"幻影"IV 的结构原材料成本

■ 知识链接

　　达索飞机制造公司是法国的一家飞机制造商，也是世界主要军用飞机制造商之一，具有独立研制军用和民用飞机的能力，公司总共生产了各型飞机650余架。1967年，达索公司与布雷盖公司合并成立达索飞机制造公司。它多年来主要以军用飞机为经营重点，如阵风战斗机，进入20世纪90年代以后才开始在高级政府公务飞机领域发展。

DORNIER DO-17
Do-17轰炸机（德国）

简要介绍

Do-17是德国以邮政机为掩护设计的中型轰炸机，狭窄的机身根本就不适合民用运输。经小量改进后成为二战初期德国空军的轰炸机。该机的速度在当时超过了战斗机（400千米/小时），令英法等国观察员大为震惊。Do-17是全金属结构，四座单翼，外形酷似铅笔，绰号"飞行铅笔"。不过，到二战中后期，它便落后了。

研制历程

Do-17轰炸机由德国的道尼尔飞机制造厂生产，1934年秋原型机首飞，1935年投产，1937年装备部队的是新发展的快速轰炸机改型。

作战性能

Do-17轰炸机操作简单，容易驾驶，深受飞行员喜爱，它是当时较优秀的水平轰炸机。初期生产的Do-17在飞行性能和载弹量方面均不比He-111好多少，但飞行机动性不错，所以能作低空地形跟踪飞行，有利于突防，也有利于搞突然袭击。Do-17虽不属于俯冲轰炸机，但能以600千米/小时的高速度作缓坡度俯冲，可借此摆脱战斗机的追击。在德军席卷低地国家的日子里，Do-17打头阵轰炸了马其诺防线，而低空偷袭正是它的强项。

◀ Do-17轰炸机配备了两挺自卫用的MG15机枪。其中一挺装备在驾驶舱上方的枪座内，另一挺则安装在机腹下方

基本参数	
长度	15.8米
翼展	18米
高度	4.55米
空重	5209千克
最大起飞重量	8850千克
动力系统	两台宝马Bramo323P发动机
最大航速	427千米 / 小时
实用升限	8200米
最大航程	1160千米

■ 实战表现

1939年，欧战拉开帷幕，德空军已拥有23个中队的远程侦察机和30个中队1180架中型轰炸机。在轰炸机中队里，Do-17有11架。最早参战的Do-17约有370架，其中Do-17E占212架，其余为M型及少量Z型。另有263架Do-17侦察机也投入战斗，大都为P型，它们成为进攻波兰、法国及1940年后空袭英国的主要力量。

▶ Do-17 广泛使用在波兰战役和不列颠之战中，是当时德军 3 种主要的双发动机轰炸机之一

▲ Do-17 优点是容易驾驶，缺点是载弹量较小，自卫火力弱

■ 知识链接

克劳德·道尼尔（1884—1969），德国著名飞机设计师和航空工业企业家。1934年，道尼尔公司研制出Do-17型轻型轰炸机。在Do-17的基础上，道尼尔公司又发展出了Do-217型中型轰炸机。1943年，道尼尔研制成功道尼尔Do-335截击机。二战结束后，道尼尔曾一度侨居西班牙，1956年回到联邦德国后，他先后设计了Do-27、Do-31短距起落飞机和"阿尔法喷气"攻击机/教练机等。

DORNIER DO-217
Do-217轰炸机（德国）

简要介绍

Do-217是二战中德国使用的一种双发动机重型轰炸机。该机由道尼尔公司开发，主要用于替代性能已逐渐落后的Do-17型轰炸机。得益于强劲的发动机，Do-217拥有比德国其他双发轰炸机都大的载弹量。在服役后近两年的时间里，Do-217都是德国最大的轰炸机，直到He-177问世后这一纪录才被打破。

研制历程

在二战爆发前，道尼尔公司就已经认识到了Do-17的弱点。尤其是在了解到容克公司的Ju-88原型机已经在任何一个方面都超过了前者后，更是决心研制出一种超越Do-17和Ju-88的新飞机来。

1937年，德国军方要求生产一种远程轰炸机，专用于大规模的水平和俯冲轰炸。Do-217型机应运而生，其原型机于1938年8月首飞。1940年开始服役。第一种作战机型为Do-217E型机，生产了大约800架，分为从Do-217E-0型至Do-217E-4型5种亚改型。之后的Do-217K型夜间轰炸机采用了非阶梯状的机首，生产了950架。

▲ Do-217 也有一些严重的问题。由于它几乎达到了双发飞机的尺寸上限，其机动性远远不如早期的Do-17轰炸机，操纵也显得笨拙

▲ 得益于强劲的发动机，Do-217 拥有比其他德国双发轰炸机都大的载弹量

基本参数	
长度	17.68米
翼展	19米
高度	5米
空重	9400千克
最大起飞重量	13200千克
动力系统	两台宝马801星型发动机
最大航速	486千米／小时
实用升限	7300米
最大航程	2050千米

■ 作战性能

　　Do-217轰炸机的武器装备：一门15毫米口径机炮，安装在机首左舷下方；一挺13毫米口径机枪，安装在机脊炮塔；一挺13毫米口径机枪，安装在机腹炮塔；一挺7.92毫米口径前射机枪，安装在机首；每个座舱侧面舱口各安装一挺7.92毫米口径机枪；可挂载约4000千克炸弹。Do-217可以携带的炸弹比Ju-88的早期型号都多，而Do-217的速度也很快，在最大平飞速度这一项上甚至超过了Ju-88。

■ 实战表现

　　在1942年的"贝德克尔"空袭中，Do-217轰炸机大放异彩。这次德军作战的目标是英国的众多历史文化名城，以报复英国轰炸机司令部对吕贝克的袭击。在4月25日和26日，德军第2轰炸机联队的Do-217轰炸机两度轰炸巴斯，在接下来的三次空袭中，诺威奇遭受两次轰炸，最后约克被轰炸了一次，因德军使用燃烧弹而损失巨大。

■ 知识链接

　　Do-17、Do-217和Ju-88、He-111一样，都是依据"高速度可致使敌战斗机拦截失效"的幼稚理论研制出来的中型中、远程双发轰炸机。由于Do-17/217总体水平未达到一流的程度，所以产量在德国轰炸机中间只能屈居第三，但这种飞机可靠性好，易于维护，尤其是Do-217在一定程度上克服了早期Do-17的不足之处，部分性能已接近Ju-88，成为德国空军在战争全期一直大量使用的机种之一。

▲ Do-217 是 Do-17 的放大版，但远没有 Do-17 灵活

JUNKERS JU-86

Ju-86轰炸机（德国）

简要介绍

Ju-86是德国的一种多用途双螺旋桨飞机，由德国容克飞机发动机公司研制生产，具有军用轰炸机、侦察机、运输机和民用运输机等多种用途。后期的Ju-86P-1高空轰炸机、Ju-86P-2侦察机型的最高升限一度达到14000多米，这使该机在一段时间内没有对手。

研制历程

1932年，德国空军决定了未来"中型轰炸机"的发展方针，并发往国内各主要飞机制造公司。到1934年年初，德国空军对中型轰炸机作出了一些基本的设计需求规格。最后，容克公司的Ju-86中选，同时入选的还有亨克尔公司的He-111以及道尼尔公司的Do-17。

1934年春，容克公司获得了制造5架Ju-86a原型机的合同——包括了军用和民用型号。同年11月4日在德绍完成了首飞。到了1936年3月，所有的5架第一批原型机都进行了试飞。同Do-17、He-111一样，第一批原型机同时进行了包括轰炸机和民航机的测试。

1936年，Ju-86开始量产，它有许多衍生型号，在许多国家的军队和民间使用。Ju-86及其亚型在1939年至1943年间总计产量约900架。

▲ Ju-86 在作为三座轰炸机之外的另一个主要用途就是民航客机

基本参数	
长度	17.87米
翼展	22.5米
高度	5.06米
空重	5150千克
最大起飞重量	8200千克
动力系统	两台尤莫205C-4柴油发动机
最大航速	385千米／小时
最大航程	1500千米

■ 作战性能

Ju-86轰炸机服役初期,不管是英国皇家空军的重型高炮,还是战斗机,没有一种能达到它的飞行高度。投入使用数年,Ju-86没有被击落的记录。直到1942年8月24日,在地中海上空12800米高空,"喷火"战斗机将一架Ju-86P型机击落。至此,Ju-86不可能被击落的神话才被打破。

▶ Ju-86 系列使用的柴油发动机和较弱的火力配置是它最大的软肋

▲ 后期的 Ju-86P-1 高空轰炸机、Ju-86P-2 侦察机型的最高升限一度达到 14000 多米,这使得该机在一段时间内毫无对手

■ 知识链接

Ju-86P型有两种型号:P-1高空轰炸机、P-2高空侦察机。两种飞机上都不携带自卫武器,因为P型的飞行高度在当时能使它免受任何同盟国军队战斗机的攻击。1940年到1941年参加不列颠战役的P型机,没有一架被英军战斗机击落。1942年8月,P型被一架最新型号的"喷火"V型战斗机击落。随着这种新型"喷火"大量出现,P型已不能毫无危险地飞越敌国上空,不久即退役。

JUNKERS JU-87

Ju-87轰炸机（德国）

简要介绍

Ju-87是二战时德国空军投入使用的一种俯冲轰炸机，一般通称"斯图卡"，取自俯冲轰炸机的德文写法的缩写。其最明显的标志是它那双弯曲的鸥翼型机翼、固定式的起落架及其独有低沉的尖啸声。它具有强大的对地攻击能力。不但给予地面目标大力的打击，其独有的尖啸声，给人极大的心理震慑，增强了攻击的效果，被称为"死神的吼叫"。这种机型为德国空军广泛地使用，自1935年开始投入使用，直至二战结束。

研制历程

1933年，德国便开始大力发展军备，以抵抗《凡尔赛条约》施加于德国身上的军事限制。在政府的大力推动下，各家飞机制造商也开始加入军用飞机的研发行列。

其中，容克公司研发的Ju-87俯冲轰炸机，获得政府的青睐。1936年，3架Ju-87A-1参加西班牙内战中佛朗哥的"秃鹰"军团。通过实战，德国空军完成了Ju-87的实战检验和发展了攻击理论。随后德国开始大量生产。

▲ Ju-87 简称 Stuka ——斯图卡。由于它在二战前期的赫赫威名，斯图卡这个词被收入军语词典，成为俯冲轰炸机的代名词

基本参数	
长度	11.5米
翼展	13.8米
高度	3.88米
空重	3900千克
最大起飞重量	6600千克
动力系统	尤莫211J-10水冷发动机
最大航速	410千米 / 小时
实用升限	7285米
最大航程	500千米

■ 作战性能

Ju-87俯冲轰炸机具有强大的对地攻击能力。在它的座舱盖右部有一个角度显示器（角度线），飞行员根据角度和高度以调整俯冲精确度，这是很少见的。其独有的发声装置所发出的尖啸声（发声装置只有在速度超过350千米/小时才会启动），给地面上的士兵以极大的心理恫吓。

■ 实战表现

1940年5月，Ju-87在入侵法国和低地国家时发挥了巨大作用，不仅是攻击力强大的俯冲轰炸机，也是恐怖的制造者。5月13日色当要塞附近，大批Ju-87有计划地攻击法军阵地、村庄、公路、炮兵阵地，在持续轰炸5个小时后，大多数法国士兵被炸弹下落的呼啸声和Ju-87汽笛的恐怖尖啸声弄得抱着头蜷缩在战壕里，丧失了抵抗能力。德军顺利攻占色当要塞。戴高乐将军曾试图组织法军第4装甲师反击，但不久即在Ju-87的攻击下失败。

■ 知识链接

汉斯·乌里希·鲁德尔（1916—1982），是第二次世界大战中德国的飞行员。他的战绩包括摧毁了足以组成5个苏联坦克军的519辆坦克，还有150个炮兵阵地，近1000辆其他车辆，70艘舰艇，两架La-3战斗机，1架IL-2强击机，击沉了苏联战列舰"马拉"号，击伤了"红色十月"号战列舰，还击沉了另外两艘巡洋舰和1艘驱逐舰。

▲ Ju-87有一对像海鸥一般微微上扬的机翼，能以比He-118更陡的角度俯冲，更适合俯冲投弹

JUNKERS JU-88

Ju-88轰炸机（德国）

简要介绍

　　Ju-88是德国生产的一种具备俯冲轰炸能力的高速中型轰炸机，是二战中最著名的战机之一。从实施最基本的轰炸任务、鱼雷俯冲轰炸、重型攻击、夜战，一直到侦察任务，它执行过多种作战任务，具有超强的通用性。二战期间，德国空军共出动该型轰炸机达15000以上架次。

研制历程

　　1936年12月21日，由埃巴斯主持研制、容克飞机制造厂生产的Ju-88的原型机试飞成功，它以其优良的性能击败了竞争对手拿出的Bf-162和Hs-127等方案。1938年9月3日，Ju-88获得大宗订货，由于当局对它倍加器重，所以动员了阿拉德、道尼尔、亨克尔等5家工厂同时生产这种飞机。1939年开始装备部队。

▲ Ju-88 轰炸机生产线

基本参数	
长度	15.5米
翼展	20.08米
高度	5.07米
空重	9081千克
最大起飞重量	14690千克
动力系统	两台尤莫211J-1水冷活塞发动机
最大航速	550千米 / 小时
实用升限	8200米
最大航程	2500千米

■ 作战性能

Ju-88轰炸机采用全金属结构，四座单翼，武备为2挺13毫米口径机枪和3挺7.9毫米口径机枪。Ju-88自卫火力较强，俯冲时还能进行机动，提高了生存力。在不列颠之战的尾声，旗舰型的Ju-88A-4进入服役。虽然比A-1要慢，但是所有A-1上的不足都被改掉了，Ju-88终于成熟化为一架一流战机。

■ 实战表现

1940年，德国空军在对法国的战斗中投入了除第一航空军外的所有Ju-88。混编的轰炸机单位包括51轰炸机联队的Ju-88（受第三航空队指挥）在1940年5月10—13日间宣称将233架~248架的同盟国军队飞机毁于地面。Ju-88飞机在俯冲轰炸上特别有效。

■ 知识链接

雨果·容克（1859—1935），德国飞行设计师，航空企业家。容克1908年开始从事飞机的研究和制造。一战后，容克在德绍开设飞机工厂，从事民用运输机的研制和生产。1936年容克飞机公司与容克发动机公司合并，改名为容克飞机发动机公司，主要生产各种军用飞机，如Ju-86、Ju-87、Ju-88等。

▲ Ju88 有一个长长的稍偏右安装的机腹船形吊舱紧贴在机身下部，用于放置对地攻击武器的控制器材及自卫机枪枪座，大型炸弹或大型武器仍须挂在翼下

JUNKERS JU-188

Ju-188轰炸机（德国）

简要介绍

Ju-188是在二战期间德国建造的高性能中型轰炸机，是以Ju-88轰炸机为蓝本开发出的性能与载弹量更卓越的轰炸机。由于存在改进版本的Ju-88以及同盟国军队对德国工业日益有效的战略轰炸行动，使德国不得不把重心放在战斗机生产上，所以Ju-188的产量并不很高。

研制历程

1942年，帝国航空部"B型高速轰炸机"计划中的"Ju-288"因发动机问题无法及时投入使用，再加上英国皇家空军和苏联空军的实力迅速增强，帝国航空部终于下了决定，要求容克（Junkers）公司将"Ju-88B"系列升级为"Ju-188"。在进行了一系列改进后，1942年10月，Ju-188项目开始进行生产，1943年2月进入服役。

由于之后"Ju-88"的后续机型不断生产出来，外加战争后期德国为了对付同盟国军队的轰炸而将飞机的生产重心转移到了战斗机，Ju-188只生产了1000余架。除了德国空军外，Ju-188也曾被法国空军和英国空军所捕获并使用，最终于1951年从法国空军退役。

▲ Ju-188 是以 Ju-88 轰炸机为蓝本开发出的性能与载弹量更加卓越的轰炸机

基本参数	
长度	15米
翼展	22米
高度	4.4米
空重	9900千克
最大起飞重量	14500千克
动力系统	两台宝马G801 G-2空冷式发动机
最大航速	499千米/小时
实用升限	9500米
最大航程	2190千米

■ 作战性能

Ju-188相比Ju-88，强化了性能与搭载量。Ju-188配备1门20毫米MG151/20机炮，3挺13毫米口径MG131机枪，能携带3000千克炸弹。Ju-188开始在机翼下方的机架上将大部分的炸弹装载在飞机的外侧，这就极大地影响了作战性能。不过，这一点在Ju-188G和H型中得到了解决，它们将机身向下延伸，增加了一个木制篮筐，以获得更多的空间。这个修改还留下足够的空间在尾部，以适合有人驾驶的炮塔取代C型遥控飞机。然而，它是如此之小，只有身材较小的人可以适应它，并且使他们在紧急情况下基本上没有逃脱的能力。

▶ Ju-188 在机头的位置有一门前向射击 20 毫米口径 MG 151 机炮

▲ Ju-188 使用"蛋形"视窗观察区，也就是所谓的"甲虫眼"，目的是为了让轰炸瞄准员有一个方便观察的玻璃机鼻

HEINKEL HE-111

He-111轰炸机（德国）

■ 简要介绍

He-111是德国在二战期间使用最频繁的轰炸机，它是德国侵略战争的化身，从1937年，该机参加"秃鹰"军团，在西班牙内战中进行实战检验。在二战中，该机参加了德军的几乎每一次作战行动，是德军空军的中坚力量。特别是在北非战役期间，利用特殊挂架搭载ETC2000炸弹的He-111成了隆美尔非洲军团的重要空中支援力量。

■ 研制历程

1932年，根据德国陆军兵器局要求研制开发新型旅客、轰炸"两用机"的指示，其实是为扩军备战打掩护，亨克尔飞机公司在竞标中获胜，于是在杰克弗里德·瓦尔塔兄弟的主持下，开始设计He-11飞机。

1935年2月24日，原型机试飞成功。不久，德国政权终于赤裸裸地抛出了"重整军备宣言"，军火工业开始加速发展。He-111是1936年开始生产的中型轰炸机，生产初期为掩人耳目，将该机作为民用运输机生产，实际只需稍加改造即可成为军用轰炸机。1944年停止生产，各型共生产7300架。

▲ 德国亨克尔 He-111 轰炸机是德国在二战期间使用最频繁的轰炸机

基本参数	
长度	17.38米
翼展	25米
高度	4.1米
空重	8680千克
动力系统	两台尤莫211F-2发动机
最大航速	405千米 / 小时
实用升限	8500米
最大航程	2060千米

■ 作战性能

作为一种高速轻型飞机，He-111在总体布局上全盘继承了He-70型单发客机优异的气动外形，设计者刻意追求最完善的空气动力特性，采用流线型机身和翼根后缘凹陷的椭圆平面型机翼及尾翼，一对水冷活塞发动机对称安装在悬臂上反下单翼上。由于翼梁通过机身地板，给炸弹舱的设置带来不便。于是只得在大梁之间安排两列共8只炸弹箱，各垂直吊挂一颗不超过250千克重的SC250型或4颗50千克的SC50型炸弹。

◀ He-111 轰炸机最大载弹量为 3250 千克，曾经悬挂 V-1 导弹从空中袭击伦敦，先后投掷此种导弹 1200 枚，成为战争史上最早的大规模空对地导弹袭击战

▲ He-111 生产车间

■ 知识链接

　　1940年，德空军第二、三航空队已拥有1120架He-111和Do-17轰炸机，被用于支援A、B两个集团军。作战区域为荷兰、比利时及中央地区。为对付荷军之反抗，57架He-111于5月14日下午向马斯河北岸荷军据点发起攻击，共投下97吨高爆炸弹，大火危及鹿特丹市，使该市建筑倒塌一半，900人死亡。此次空袭因平民遭到无辜伤害而被世界各国谴责。

HEINKEL HE-177

He-177轰炸机（德国）

简要介绍

　　He-177是德国生产的重型轰炸机。由于该机种的早期型号发动机容易起火，所以空勤人员给它取了一个"燃烧的棺材"的绰号。该型机最独特的地方是其发动机配置与众不同，这是德国空军希望重型轰炸机能进行俯冲轰炸。He-177存在许多问题，其最大的问题是双联动耦合发动机的可靠性差。

研制历程

　　1936年，德国空军提出了一个"轰炸机A"的需求报告，要求发展一种新式重型轰炸机。亨克尔公司最终获得研究资格。亨克尔公司将设计任务交给了以海因里希·赫特尔为首的设计小组。1939年11月19日，原型机He-177V1在雷赫林试飞基地进行了首飞，但并不理想。出于战争需要考虑，德国空军顾不得He-177还在试飞，就与亨克尔公司签订了生产合同。合同规定，从1940年夏开始，亨克尔公司每月要向德国空军提供120架He-177重型轰炸机。He-177系列总共生产了1094架。

▲ 由于早期型号的发动机容易起火，所以空勤人员戏称它"燃烧的棺材"

基本参数	
长度	22米
翼展	31.44米
高度	6.39米
空重	16800千克
最大起飞重量	31000千克
动力系统	两台戴姆勒·奔驰DB606发动机
最大航速	488千米/小时
实用升限	8600米
最大航程	5500千米

■ 作战性能

客观地说，He-177的技术在当时是比较先进的，整体结构配置也不错，其机身为长筒形。机翼为全金属悬臂式中单翼，机翼上有加热除冰装置。起落架为可收放式后三点起落架，主起落架为双轮，向内折叠收入机翼，后起落架为单轮，向后收入机身尾部，所有起落架的收放均由液压操作。在对英国的报复性轰炸中，He-177常用的战术就是高空出航，到达目标区后进行俯冲轰炸，利用俯冲获得的高速躲避英国战斗机的拦截。但发动机过热问题长期难以解决，是其致命缺陷。

◀ He-177 在机头处装备 1 挺 MG81 机枪，在机头下方炮塔前部装备 1 门 MGFF 20 毫米口径机炮，后部装有双联装 MG81Z 机枪，前机身上方炮塔与机尾各有 1 挺 MG131 机枪

▲ He-177 是德国在二战时期大量生产的重型轰炸机

■ 知识链接

亨克尔（1888—1958），德国飞机设计师，喷气式飞机的发明人。1922年组建亨克尔飞机工厂，研制和生产各种轰炸机、客机和水上飞机。亨克尔设计的飞机在两次世界大战中均得到使用。他研制成功世界上第一架涡轮喷气发动机飞机He-178于1939年8月27日试飞成功。1955年他在德国施佩耶尔重建亨克尔飞机制造有限公司。

HORTEN HO-229

Ho-229轰炸机（德国）

简要介绍

　　Ho-229是人类历史上第一架无尾飞翼喷气式战斗轰炸机。它的外形和性能即使在当今也相当前卫，也是德国的末日奇迹武器设计之一。该机由霍顿兄弟设计，金属和木材混合结构，由戈塔机车厂负责制造和试验。Ho-229原有三架原型机，现在全世界只存留一架。该机被珍藏于美国国家航空航天博物馆。它见证了二战末期德国的科学家们所爆发出不可思议的创造力，也见证了人类航空史上曾经的辉煌。

研制历程

　　1936年，霍顿兄弟的飞翼试验机HoV-B试飞成功。到1944年，德国在喷气式发动机技术方面已经成熟。霍顿兄弟立刻敏感地意识到这种革命性的动力装置对飞翼机的巨大价值。他们通过Me-262等项目了解喷气发动机的各种性能。开始研制喷气动力军用大型飞翼机。

　　1944年，在德国哥廷根正式开始研制工作。1944年3月1日，第一架无动力的原型机取得无动力滑翔试飞成功。德国空军迫不及待地订购了40架。正式生产型号被定名为Ho-229。

　　1945年春天开始，Ho-229在仅仅试飞了两次的情况下就开始在戈塔公司的工厂投产，同时进行了后续改进计划。如果一切顺利，1945年8月双座装甲加强型Ho-229B就可以投产。但当Ho-229A开始生产时，德国走向战败。

◀ 目前全世界只存留唯一一架未完成的原型三号机被同盟国军队缴获，现在美国国家航空航天博物馆展出

基本参数	
长度	7.47米
翼展	21.3米
高度	2.8米
空重	4800千克
最大起飞重量	9000千克
动力系统	两台尤莫004涡喷发动机
最大航速	997千米/小时（估计值）
实用升限	16000米（估计值）
作战范围	1900千米（估计值）

■ 作战性能

　　预计生产型采用两台容克尤莫004B涡轮喷气发动机，推力8820牛顿，设计最大航程3170千米，作战半径1900千米，最大速度997千米/小时，升限计划达到惊人的16000米。所有这些理论上的设计性能在当时全世界是独一无二的，这不仅超越了当时同盟国军队所有活塞螺旋桨战斗机，而且超越了德国另一种喷气式战斗机Me-262。不过所有这一切都被扼杀在摇篮中。

▲ Ho-229 第一架原型机为无动力滑翔机，仅用于气动验证和研究，德国战败后被烧毁

ARADO AR-234

Ar-234轰炸机（德国）

简要介绍

Ar-234是世界上首种实用化的喷气轰炸机，绰号"闪电"，由德国阿拉多公司在二战尾声时所制造。借助喷气发动机带来的性能优势，它可轻松突破同盟国军队的防空体系，对同盟国军队的动向进行侦察，是战争末期少数几种能够自由出入同盟国军队占领区上空的德国战机之一。在实际运用上，它常用来担任侦察机的角色，而较少担任轰炸机角色。

▲ Ar-234 轰炸机模型

研制历程

1940年年末，德国帝国航空部要求阿拉多公司研制一种喷气侦察机，项目代号E370。由于新飞机的预计产量只有50架，再加上对喷气发动机信心不足，导致E370的进展缓慢。阿拉多公司在1941年年末对E370进行了重新设计，设计后的E370尺寸变大，机翼油箱被挪到机身内部。滑橇装在发动机吊舱下方，但这个设想未能成为现实。

1942年2月，修改后的E370设计方案面世，这时E370的最大预计速度为830千米/小时，最大航程2000千米，1942年4月，帝国航空部技术处正式批准阿拉多公司制造6架E370的原型机，并授予其Ar-234A的正式编号。

▲ 事实上，想击落一架 Ar-234B-1 对于同盟国军队飞行员来说是非常困难的事情，因为它的巡航时速较同期的活塞式战斗机高 100 千米以上，很容易利用速度优势逃脱

基本参数	
长度	12.62米
翼展	14.41米
高度	4.28米
空重	4900千克
最大起飞重量	8675千克
动力系统	两台尤莫004发动机
最大航速	950千米/小时
实用升限	10000米
最大航程	1600千米

■ 作战性能

Ar-234轰炸机采用高单翼，平直翼型，两翼下各吊挂一台尤莫004发动机的设计。此型在计划时重量会达到8000千克。为了减轻结构重量并加大内载燃油量，阿拉多公司没有采用一般的可伸缩起落架，采用的方案是：飞机是搭载一辆可分离的前三点台车上起飞，与利用位于机身中段与发动机整流罩下方的可伸缩滑橇降落，使其速度性能十分优越，在当时几乎不可能被敌机拦截。

▶ Ar-234 轰炸机是唯一达到战备状态的涡轮喷气式轰炸机，这是军事航空发展史上的重要里程碑

■ 知识链接

1944年6月26日，埃里希-佐默首次驾驶Ar-234，并在11000米高度飞出了950千米/小时的最大速度。3天后，佐默驾驶Ar-234完成了一次远程飞行，他于当天早上11点55分驾驶加满油的V7起飞，在飞行了2小时15分钟后，于下午2点15分降落，飞行距离达1430千米。

▲ Ar-234 轰炸机球形前舱

CAPRONI CA.30
Ca.30轰炸机（意大利）

简要介绍

Ca.30是意大利卡普罗尼公司生产的一种三发轰炸机，这在当时是前卫而罕见的，在史学家眼中，以Ca.30为代表的卡普罗尼系列轰炸机被认为是和俄国的"伊里亚·穆·罗梅茨"齐名的航空史上最早的两种重型轰炸机之一。法国和美国战后还少量仿制生产过这个系列，可见这时期意大利的轰炸机水平是领先世界的。卡普罗尼系列轰炸机在一战中多次完成远程轰炸任务，开拓了战略轰炸的新天地，在航空军事史上写下了辉煌的一笔。

▲ 一战中，Ca.30系列多次参加了远程轰炸作战

研制历程

意大利人是早期轰炸机的领潮者，1913年，意大利的卡普罗尼航空工程公司研制成功三发动机的Ca.30轰炸机，这在当时单发动机一统天下的年代里，是一种大胆的、独创的设计。其实，Ca.30的外形还有许多令人称奇的地方。

Ca.30的成功，使卡普罗尼航空工程公司在此基础上迅速发展出Ca.31（陆军正式型号为Ca.1），改装"格诺姆"发动机3台。1914年12月首飞。Ca.32是第一种正式批量生产的改型（陆军型号Ca.2），1915年问世，改装菲亚特A10型6缸直列水冷发动机3台。Ca.30系列（Ca.30～Ca.50）在意大利生产了大约700架。

▲ 博物馆中的Ca.30

基本参数	
长度	11.05米
翼展	22.74米
高度	3.7米
空重	2300千克
最大起飞重量	3800千克
动力系统	3台伊索塔–弗拉斯基尼V.4B活塞发动机
最大航速	137千米/小时
最大航程	599千米

■ 作战性能

　　卡普罗尼系列轰炸机都采用3台发动机、两层或三层机翼、双尾梁多垂尾的布局形式，尤其是意大利人采用了当时罕见的前三点式起落架，当然这并不是引领潮流而更多是采用推进式布局机体重心的考虑。各型卡普罗尼的性能大同小异，一般而言可携带453千克~1450千克炸弹，航程500千米~800千米，飞行速度为116千米/小时~152千米/小时。一战中，卡普罗尼系列多次参加远程轰炸作战。

▶ Ca.30 机头及舱尾各设 1 挺自卫机枪，后机枪为避开推进式螺旋桨，特地装在一个高架子上

▲ Ca.30 采用双层机翼双尾梁（三机身）单平尾三垂尾布局。在矩形的上下层机翼之间，有 8 组支柱和许许多多张线错综交叉地支持着机翼

■ 知识链接

　　1915年，意大利轰炸机部队就使用Ca.30飞越阿尔卑斯山脉对奥匈帝国本土进行轰炸作战。同年底，意大利AR轰炸飞行支队组成，然后对亚得里亚海海岸的敌方港口进行攻击。1918年，56架Ca.30和11艘飞艇和131架其他型号飞机，对停靠的船舶进行了一战最后的大规模空袭，战绩巨大。

SM.79 SPARVIERO
SM.79轰炸机（意大利）

简要介绍

SM.79轰炸机，绰号"食雀鹰"，是意大利生产的一种中型轰炸机。是意大利最成功的，也是产量最大的轰炸机，被广泛地应用于法国、前南斯拉夫、希腊、北非、东非和地中海战场。"食雀鹰"原本是一种运输机，后来被改装为专用轰炸机。1936年在西班牙内战中首次作为轰炸机投入实战。用于执行近距支援、侦察和运输任务。

研制历程

SM.79轰炸机由萨伏亚-马彻蒂公司设计，1934年10月，原型机在意大利诺瓦腊试飞。1935年9月2日，改装发动机的飞机再次试飞。1936年10月，军用型SM.79-Ⅰ开始交付意大利空军。SM.79-Ⅱ鱼雷轰炸机于1939年开始服役。到1944年停产，共生产了1370架。

作战性能

SM.79轰炸机的座舱、背部和机腹各有一挺SAFA12.7毫米口径机枪，机梁处一挺布雷达-SAFAT7.7毫米口径机枪；弹舱中最大可携带1250千克炸弹或者在翼下挂载两枚450毫米鱼雷。和许多20世纪30年代初期设计的飞机一样，为了加强垂直尾翼和水平尾翼的强度，垂直尾翼用左右两条拉线加强，水平尾翼下每侧有两根平行的支撑竿加强，主起落架可向后收到发动机后短舱内。

▲ 地勤人员正在为 SM.79 挂装炸弹

基本参数	
长度	16.2米
翼展	21.2米
高度	4.1米
空重	7600千克
最大起飞重量	11300千克
动力系统	3台菲亚特A80RC41发动机
最大航速	434千米 / 小时
最大航程	1900千米

■ 实战表现

1936年年底，意大利迫不及待地把SM.79-I派到意大利向西班牙叛军方面派驻的援外航空兵团中参加战斗。该机主要驻地中海的巴利阿里岛，担负打击地中海沿岸共和军活动及活动在附近海域的共和军舰艇的任务。1938年3月还参加了德、意轰炸部队对叛军进攻巴塞罗那的支援，持续三天对巴塞罗那进行大规模轰炸，造成2400余人死亡，严重打击了共和军士气。在战斗中SM.79-I的主要对手是苏联援助的伊-15、伊-16战斗机，SM.79-I的飞行速度基本与其相当，加上飞机数量的差异及有战斗机为之护航，SM.79-I的战损率较低。

◀ SM.79 有乘员 5 人，分别为飞行员、导航员以及背部、机腹和翼梁处炮手各一人

▲ SM.79 是意大利最成功的，也是产量最大的轰炸机

■ 知识链接

1939年10月，SM.79-II开始交付。1940年6月10日意大利对英国、法国宣战，这时的意大利空军有轰炸机1000余架，其中有SM.79共612架，大部分为SM.79-II。配置在北非、巴尔干、地中海地区，参加意军在这些地区的军事行动。6月11日，意军首次用SM.79轰炸马耳他岛。8月15日，5架SM.79从利比亚起飞，轰炸亚里山大港。9月，对英国在埃及的阵地和仓库进行了数次小规模轰炸。

MITSUBISHI KI-1

Ki-1九三式轰炸机（日本）

简要介绍

　　Ki-1九三式轰炸机，是日本生产的一种重型轰炸机。在日本侵占中国东北的战争中（1931—1932），日本陆军航空兵曾经在作战中使用Ki-1轰炸机，而在抗日战争全面爆发时（1937—1945），该型飞机也曾被使用。当太平洋战争爆发时，该型飞机已经转而实施轰炸机训练任务。

研制历程

　　Ki-1九三式重型轰炸机是由三菱重工在20世纪30年代研发的，首飞时间为1933年。从1933年秋季开始，Ki-1型轰炸机开始向陆军航空兵交付使用，很快便取代了航空兵当时配备的落后的Ki-20型轰炸机。

▲ Ki-1 九三式轰炸机

基本参数	
长度	14.8米
翼展	26.5米
高度	4.92米
空重	4880千克
动力系统	两台三菱93式（Ha-2-II）V型发动机
最大航速	220千米 / 小时
实用升限	5000米

■ 作战性能

Ki-1九三式轰炸机配备了3挺7.7毫米口径机枪,能挂载1500千克炸弹。Ki-1-I型的动力装置一直存在问题,仅用一台发动机根本无法控制飞机的水平飞行。因此,从第71架飞机开始,三菱公司就开始着手对飞机进行改造以便解决上述问题。实施改造措施之后,尽管Ki-1-I型的性能提升有限,但还是非常有效。

▶ Ki-1 九三式轰炸机

▲ 飞行中的 Ki-1

■ 知识链接

三菱重工创立于1884年,是日本最大的军工生产企业。三菱重工生产的装备,如F-2和F-15J战斗机,在航空自卫队和陆上自卫队中都起到了核心作用,在海上自卫队,三菱重工则建造了几乎一半的潜艇和三分之一的驱逐舰,其在日本军工行业的地位可见一斑。2014年12月15日,瑞典的斯德哥尔摩国际和平研究所公布了2013年世界武器销售额前100名企业。三菱重工业位居第27名上榜。

AICHI D3A
九九式舰载轰炸机（日本）

简要介绍

　　九九式舰载轰炸机，日本亦称九九舰爆，它在许多设计上与德军的He-70有相似之处。它采用固定式的起落架，主翼两侧下方配备空气刹车襟翼，增加了俯冲时的稳定性，综合各方性能，除了同时期的SBD无畏式俯冲轰炸机之外，各国皆无其他机种能匹敌，无论是轰炸能力还是空中格斗、侦察能力皆为当时世界一流的轰炸机型。二战时期在太平洋战场上大量使用。

研制历程

　　日本海军在1936年对民间提出"金属单翼俯冲轰炸机"的开发需求，以替换传统老式的双翼轰炸机。在中岛航空机、三菱航空机与爱知航空机三家公司竞争之下，爱知航空机公司取得了此机的研发制造权。在设计过程中，德国的亨克尔公司秘密提供技术给日本海军。

▲ 1941 年，九九式舰载轰炸机参加了偷袭珍珠港攻击行动

基本参数	
长度	10.19米
翼展	14.36米
高度	3.8米
空重	2570千克
最大起飞重量	3800千克
动力系统	三菱"金星"五四型空冷发动机
最大航速	430千米 / 小时
实用升限	10500米
最大航程	1350千米

■ 作战性能

　　九九式舰载轰炸机配备有7.7毫米口径机枪和3枚航空炸弹250千克，它初出现时，作战性能罕有对手，取得了巨大的成功。直到中途岛海战之后，日本海军技术高超的优秀飞行员几乎所剩无几，再加上美军的SB2C俯冲轰炸机问世之后，九九式舰载轰炸机在空中的优势也宣告结束。而它的后继机种，在设计与生产上出现了许多问题，以致战争末期，许多只受过粗浅训练毫无经验的飞行员还是驾着九九式舰载轰炸机上战场，成为美军战斗机的标靶，最后只能以神风特攻队的自杀机作为结尾收场。

▲ 在珍珠港被重创的美国太平洋舰队

■ 知识链接

　　日本海军在1942年2月19日上午，派出了特混舰队第一航空队和第二航空队242架舰载机以及20余架陆基轰炸机，对澳大利亚的达尔文军港进行了两轮大规模空袭。这次空袭主要针对停泊在港内的45艘澳军和同盟国军队舰艇，以及空军基地的作战飞机。由于日本舰载机的突然袭击，军港内的澳军和同盟国军队猝不及防，遭到了毁灭性打击。

KI-49 DONRYU
Ki-49轰炸机（日本）

简要介绍

Ki-49轰炸机，代号"吞龙"，是日本生产的一种重型轰炸机。Ki-49飞机配有一个中间翼和全金属结构的悬臂单翼，是第一个配备一个可伸缩的尾轮的日本飞机之一。在二战期间，它在同盟国军队报告中的名称为"海伦"。作为九七式重型轰炸机的后继型号，它只比九七式快一些，最快速度和载弹量也无明显改进，但是其自卫火力很强，战争后期主要用来运载重要物资，充当前线巡逻警戒机或者干脆充当前线飞行防空炮台，支援战斗机与敌机交战，发挥过一定的空战掩护作用。

研制历程

三菱Ki-21轰炸机在1938年开始在日本陆军空军服役后，不久军方便意识到，它在没有战斗机护送的情况下基本不能执行任务。于是日本军方要求，Ki-21的替换机应该有足够的速度和防御武器使其能够独立运作。

中岛飞机公司接受了研制任务，1939年8月，原型机首飞。随后建造了7个原型机并完成了飞机的测试程序。最终在1941年3月，Ki-49作为陆军100型重型轰炸机开始生产。

▲ Ki-49 的力量不足，炸弹容量和速度也不足

基本参数	
长度	16.5米
翼展	20.42米
高度	4.25米
空重	6530千克
最大起飞重量	11400千克
动力系统	两台NakajimaHa-109发动机
最大航速	492千米/小时
实用升限	9300米
最大航程	2950千米

■ 作战性能

Ki-49"吞龙"早期版本配备了5挺7.7毫米口径机枪和1门20毫米口径机炮。在新几内亚的战斗经验表明，Ki-49的力量不足，炸弹容量和速度也不足。随后进行了一些改进，但随着战斗对手的数量和质量的提高，损失继续增加。Ki-49在太平洋战争结束时被用于其他作用，包括ASW巡逻、部队运输，以至最终作为神风特攻队的自杀式飞机。

▲ Ki-49 的乘员为 8 人

▲ Ki-49 在太平洋战争后期主要用来运载重要物资，充当前线巡逻警戒机或者干脆充当前线飞行防空炮台，支援战斗机与敌机交战，发挥过一定的空战掩护作用

■ 知识链接

中岛飞机公司，亦称中岛飞行机株式会社，为中岛知久平1917年创立，是二战中日本主要的发动机以及战机研发、生产商。公司本身可进行飞机从设计到生产的一贯作业，在二战结束前超越三菱飞机生产部门成为日本最大、世界上数一数二的飞机制造商。1945年4月，改编成为第一军需工厂，事实上已经收归国营化。日本战败之后，中岛飞行机株式会社改名为富士重工业株式会社，生产汽车。

MITSUBISHI KI-51

Ki-51九九式轰炸机（日本）

简要介绍

　　Ki-51九九式轰炸机,包括侦察机型九九式甲型和俯冲轰炸机型九九式乙型。中日战争至太平洋战争结束为止,它一直在一线作战。九九式广泛用于中国战场去执行对地攻击和侦察,在战争末期也攻击过美军潜艇。抗战胜利后,中国解放军在东北找到一批九九式,用于第7航空学校训练至1953年。

研制历程

　　1938年2月,三菱重工接受日本陆军的要求研发新式俯冲轰炸机,到同年12月又要求该机要执行侦察任务。作为俯冲轰炸机要有高速度和承受俯冲的应力的高结构强度,作为侦察机又要求遇上敌机时要有灵活的转弯性能去回避敌机攻击,三菱以九七式俯冲轰炸机为基础,致力减少尺寸和减轻重量去合乎俯冲轰炸和侦察。1939年试飞成功,随即投产。

基本参数	
长度	9.21米
翼展	12.1米
高度	2.73米
空重	1873千克
最大起飞重量	2920千克
动力系统	三菱重工制风冷式发动机
最大航速	424千米/小时
最大航程	1060千米

▲ Ki-51 九九式轰炸机最后一次作战是在 1945 年,战役期间,少量关东军所属的 Ki-51 发动了对苏俄军的空中反击作战,攻击了几次苏俄军的地面部队

■ 作战性能

Ki-51是Ki-30轻型轰炸机的发展型,较Ki-30尺寸小,装甲保护更好,主要用于攻击前线地面部队,虽然外貌和性能在战争后期已经十分落后,但一直没有后继机。它一直使用到战争结束,是用于战场支援、攻击战场敌人地面目标的对地支援攻击机。

▲ Ki-51 九九式轰炸机的乘员为 2 人,机头两挺 12.7 毫米口径 Ho-103 重机枪,机后一挺 7.7 毫米口径机枪,能携带 250 千克炸弹

▲ Ki-51 九九式轰炸机在战争末期性能已经落后,有部分作为特攻机使用

■ 知识链接

Ki-51九九式轰炸机使用的是风冷发动机。风冷发动机的特点是结构简单、质量轻、维护使用方便、对气候变化适应性强、启动快、不需要散热器。因此它被一些军用汽车和个别载货汽车采用。风冷发动机大量用于摩托车,使摩托车不必安装散热器。风冷发动机还用于缺水地区,因为它不用水作冷却介质。缺点是缸体和缸盖刚度差、振动大、噪声大、容易过热。

MITSUBISHI KI-67

Ki-67四式轰炸机（日本）

简要介绍

　　Ki-67四式轰炸机，代号"飞龙"，是日本生产的一种重型轰炸机，是日本陆军航空队在二战期间所使用的一种双发动机轰炸机。由于该机从日本皇纪2604年（1944年）开始进入现役，因此也被称为"四式重型轰炸机"。该机是日本陆军第一种携带空投鱼雷的飞机，也可以用传统方法轰炸海上地面目标，也能进行侦察与截击任务，还可以充当炸弹母机、空舰导弹发射载机、滑翔机牵引机、反潜机、运输机，并有夜间拦截型，可称为万能战机。

研制历程

　　日本陆军航空队从1941年开始寻求Ki-49轰炸机的后继机型。军方的要求是，新的轰炸机必须拥有不亚于战斗机的高速度和机动性。三菱公司承接了改进任务，编号定为Ki-67。到战争结束时为止，日本一共生产"飞龙"767架。

基本参数	
长度	18.7米
翼展	22.5米
高度	7.7米
空重	8649千克
最大起飞重量	13765千克
动力系统	两台三菱Ha-104 18缸发动机
最大航速	537千米/小时
实用升限	9470米
最大航程	3800千米

▲ 得益于发动机的强劲马力，"飞龙"可以在弹舱内携带1000千克的炸弹

■ 作战性能

　　"飞龙"背部的旋转炮塔内安装了1门20毫米口径机炮，加上机头1挺12.7毫米口径机枪，腰部两侧各1挺12.7毫米口径机枪，以及机尾的2挺12.7毫米口径机枪，使得该机拥有很强的防御火力。尤其是背部的20毫米口径机炮，美国方面直到引进B-29后才开始在轰炸机上使用这一口径的自卫武器。除了可以用来进行水平轰炸外，Ki-67还可以在机身下挂载1枚800千克鱼雷对敌舰实施鱼雷攻击。

▲ Ki-67 能够在高速俯冲中仍然保留极好的操纵性，持续爬升能力也出类拔萃，有着不亚于战斗机的机动性

▲ Ki-67 具备了日本飞机缺乏的自封油箱和装甲。这些特征再加上两台 1900 马力的 18 缸星型发动机使得"飞龙"成了太平洋战场上最不容易被击落的日本轰炸机

■ 知识链接

　　星型发动机是一种气缸环绕曲轴排列的往复式内燃机。在涡轮发动机出现之前，绝大多数大型飞机的发动机都采用星型设计。在星型发动机中，活塞通过一根主连杆连接到曲轴上。最上方的活塞连接的连杆即为主连杆，其他活塞的连杆则被称为活节式连杆。星型发动机可靠性高，重量轻，功率提升潜力大，维修性和生存性也不错。

YOKOSUKA P1Y GALAXY

P1Y "银河" 轰炸机（日本）

简要介绍

P1Y "银河" 轰炸机是日本海军发展的一种高性能远程万能轰炸机，是二战末期日军少有的几种可以凭借自身性能，在无护航情况下侵入美军重点防护目标上空的轰炸机之一。它是公认的日本海军战争期间实际投入实战使用的轰炸机中，性能最好的型号。美国战后研究后指出，它在航程、运动性能、控制反应速度方面，远远超过同盟国军队的轰炸机，而在速度、载弹量方面也不亚于同等重量的同盟国军队最新型轰炸机。

研制历程

1940年，日本海军需要一种像德国空军Ju-88轰炸机那样的可做高空俯冲轰炸的轰炸机，其构想是作为一式陆上攻击机的后继机，于是以 "十五式陆上轰炸机" 为项目委托日本海军航空技术厂研制。

1943年8月，P1Y "银河" 轰炸机样机首次试飞，各方面性能均令日本海军满意，于是海军立即下令投产。

▲ P1Y 速度快，航程远，装甲厚，载弹量大，而且具备战斗机的飞行性能，太平洋战争末期沦为自杀飞机和特攻飞机

基本参数	
长度	15米
翼展	20米
高度	4.3米
空重	7265千克
最大起飞重量	13500千克
动力系统	两台中岛重工制誉12型风冷式发动机
最大航速	566千米／小时
实用升限	9400米
最大航程	1920千米

■ 实战表现

1944年2月，首批P1Y"银河"轰炸机布署在马里阿纳群岛基地的日本海军521航空队，其队长就是有"轰炸之神"称号的江草隆繁少佐。1944年6月，521航空队的10架"银河"轰炸机投入马里亚纳海战，当中有8架被美军战机击落，包括江草少佐的座机在内，两个月后521航空队司令龟井凯夫大佐的"银河"轰炸机也在关岛上空被击落。之后"银河"轰炸机也参加台湾空战、莱特湾海战和冲绳海战等战役，在战争末期也可悲地沦为自杀式特攻飞机。"银河"轰炸机比较有名的战斗发生在1945年3月11日，24架"银河"轰炸机从日本起飞，飞行2900千米到太平洋的乌利西环礁美国海军基地，撞伤了美国航空母舰"兰道夫"号。3月19日，一架"银河"轰炸机偷袭美国航空母舰"富兰克林"号，两个250千克炸弹命中了并造成近千名美国水兵伤亡。

▲ P1Y"银河"轰炸机是二战后期日本研制的一款万能轰炸机，其设计思想受到德国 Ju-88 的很大影响

■ 知识链接

P1Y"银河"轰炸机的实战记录表明，在海平面高度飞行时，该机的速度比大多数同盟国军队战斗机都快，它在空中飞行动作敏捷，无论防空火炮还是战斗机都很难击中它。此外，该机装甲相当强大，耐弹力与它的前辈一式陆攻大不相同，美军战斗机使用的机枪很难将其击落。

NAKAJIMA G5N SHINZAN
G5N轰炸机（日本）

■ 简要介绍

G5N轰炸机，代号"深山"，是二战时由中岛飞机公司根据美国DC-4民航客机研发的重型轰炸机。它是日本海军下令研制的第一架四发远距离航程重型轰炸机，其三个起落架、大型翼内防弹燃料箱、更多自卫火力和载弹量2000千克~4000千克炸弹都算是比一式陆上攻击机更好。可是机身和机翼重，加上发动机产生振动，还有内部结构复杂导致维修人员难以维修，最终被军方抛弃，被当作运输机使用。

■ 研制历程

G5N轰炸机由日本中岛飞机公司研制，1939年试飞，1941—1942年制造6架，4架C5N1、两架G5N2。但航程与速度性能没有达到海军要求，不为海军所接受，所以只生产了6架，其中4架后来进行改装，用于运输物资。

▲ G5N机上装有两挺20毫米口径九九式机炮，4挺7.7毫米口径九二式防卫机枪，可以携带2000千克~4000千克炸弹或两枚九一式鱼雷

■ 作战性能

G5N轰炸机外观和气动布局类似于美国B-24"解放者"，但尺寸则要大得多，起飞重量也比"解放者"略大一些。在性能方面，两者载弹量、航程基本相当，但"深山"在升限和最大时速上不如"解放者"，在产量上更是望尘莫及。

基本参数	
长度	31.02米
翼展	42.14米
高度	6.13米
空重	20100千克
最大起飞重量	32150千克
动力系统	4台中岛NK7A护11型风冷式发动机
最大航速	420千米／小时
最大航程	4260千米

▲ G5N 试飞后达不到海军的要求，不为海军所接受，所以只生产了6架，其中4架后来进行改装，用于运输物资，实际是当运输机使用

▲ 战争后期破败的 G5N

■知识链接

　　重型轰炸机，用于对敌人深远战略后方进行轰炸的军用飞机，又称"远程轰炸机""战略轰炸机"。这种飞机的起飞重量在100吨以上，航程在7000千米以上，载弹量超过10吨。现代的战略轰炸机，如苏联的图-20，起飞重量为154吨，载弹量为25吨，航程为14000千米。又如美国的B-1战略轰炸机，起飞重量179吨，载弹量为27吨，最大速度为2695.18千米/小时。重型轰炸机有时也用于直接支援地面或海上作战。

AICHI D1A

D1A舰载轰炸机（日本）

简要介绍

D1A俯冲轰炸机可分成早期型的九四式俯冲轰炸机（D1A1）和后期型的九六式俯冲轰炸机（D1A2）。D1A是爱知时计电机株式会社根据德国亨克尔He-50俯冲轰炸机研制而成的海军舰载俯冲轰炸机，也是日本海军第一种俯冲轰炸机，该机可执行侦察、反舰、攻击等任务。在日本侵华战争期间，有大量的D1A型战机参加，几乎遍布了整个战场。

研制历程

1932年，日本海军急需先进的舰载俯冲式轰炸机。中岛重工采用了从德国进口的亨克尔He-50型轰炸机的设计，同时配备了日本本国的发动机。这样，爱知系列中的一种新型轰炸机诞生了。

到了1934年，日本帝国海军部下令爱知公司将它的AB-9型轰炸机投入生产，AB-9型像D1A1型一样配备了580马力中岛2型或3型星型发动机。最后，根据原始设计而生产的飞机共有162架，接着又生产了428架D1A2改进型轰炸机，并配备了已经升级的发动机。1941年日本完全卷入二战之后，幸存下来的D1A1型和D1A2型轰炸机不得不变成训练机了，只有68架D1A2型在二线服役，直到1942年。

1934年，改名为九四式俯冲轰炸机，编号D1A1。1936年，日本海军航空兵装备的是更换新发动机的升级版本，改名为九六式俯冲轰炸机，编号D1A2。

基本参数	
长度	9.3米
翼展	11.4米
高度	3.41米
空重	1516千克
最大起飞重量	2610千克
动力系统	中岛光一型发动机
最大航速	309千米/小时
最大航程	927千米

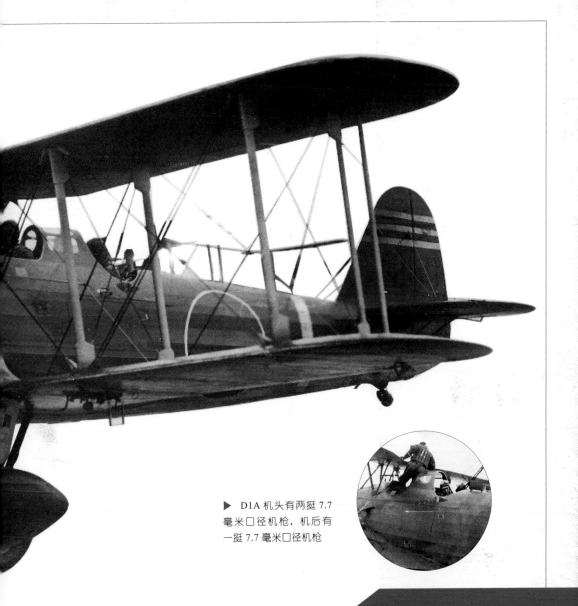

▶ D1A 机头有两挺 7.7 毫米口径机枪，机后有一挺 7.7 毫米口径机枪

▲ D1A 舰载轰炸机

■ 知识链接

　　D1A 采用铝合金制骨架，外覆帆布蒙皮，和其前身德国 He-50 相比除了改用日本国产发动机，还把主翼改为向后掠5°。此机飞行性能良好，当投完弹后甚至能当战斗机使用。

AH-1 COBRA

AH-1 "眼镜蛇"武装直升机（美国）

■ 简要介绍

AH-1武装直升机，代号"眼镜蛇"，是美国一型双发单旋翼带尾桨纵列式双座武装直升机。它是专门研制的反坦克武装直升机，也是世界上第一种反坦克直升机，其主要任务是在白天、夜间及恶劣气候条件下提供近距离火力支援和协调火力支援。它还可执行为突击运输机护航、指示目标、反装甲作战、反直升机作战、对付有威胁的固定翼飞机，实施重点防空和有限区域防空、侦察等任务。

■ 研制历程

1958年，美国贝尔公司开始研究专用武装直升机概念，在1962年推出了一个被称为D255"易洛魁武士"的全尺寸模型。陆军认同这个概念并在1962年12月授予贝尔公司制造一架概念演示机的合同。贝尔公司立即着手改装一架莫德尔47/OH-13"苏"活塞动力直升机。

1965年9月7日，原型机首飞，大获军方赞赏，随即生产，1967年8月服役。由于其飞行与作战性能好，火力强，被许多国家广泛使用，经久不衰，并几经改型直到21世纪还在生产。主要型号为AH-1J/T"海上眼镜蛇"和AH-1W"超级眼镜蛇"。

▲ 美国陆军虽然已经装备了更先进的"阿帕奇"武装直升机，但海军陆战队还是更喜欢占据甲板面积较小的"眼镜蛇"

基本参数	
长度	13.59米
机宽	3.28米
高度	4.1米
空重	2993千克
最大起飞重量	4500千克
动力系统	莱康明T53-L-703涡轮轴发动机
最大航速	277千米/小时
实用升限	3720米
最大航程	510千米

■ 作战性能

AH-1机头A/A49E-7型旋转炮塔内，自AH-1J型开始安装一门通用电气的M197型3管20毫米口径"加特林式"机炮，M197型基本上就是"火神"炮的三管版本，并最终成为陆战队和陆军"眼镜蛇"的标准炮塔武器。机身上的短翼上可挂载枪榴弹发射器或火箭弹以及反装甲导弹。

在海湾战争中，AH-1发挥了极大作用，但是它缺乏夜间瞄准系统和机载激光指示器，这严重限制了它在夜间和恶劣天气条件下的行动，并且还无法利用美军新研制的具有远距离投射能力的"狱火"导弹。

▲ AH-1采用了UH-1"休伊"直升机的旋翼和发动机，独特的串列式座舱设计让它的机宽只有0.91米，外形显得细窄无比。它的机头上安装了一门20毫米口径旋转机炮，机翼上的4个外挂点可以挂载空地导弹和火箭发射器

■ 知识链接

1967年8月，AH-1G开始部署在南越边境和空军基地，并立即投入了激烈的战斗。它为运输直升机提供护航，并为地面部队提供火力支援，还与快速的休斯OH-6A"小马"侦察直升机编队组成极为有效的"猎-杀"或"粉色"小队。它也能执行其他任务，包括武装侦察、目标弹着观察甚至是搜救任务。到1968年年底已有337架"眼镜蛇"来到越南作战。

AH-6 LITTLE BIRD
AH-6 "小鸟" 武装直升机（美国）

■ 简要介绍

AH-6是美国的一种武装直升机, 因作战响应迅速和飞行动作敏捷被形象地喻为"小鸟", 这个非官方的名字已经被广泛接受, 于是成了它的代号。"小鸟"可执行如训练、指挥和控制、侦察、轻型攻击、反潜、运兵和后勤支援等任务, 空中救护型可载两名空勤人员、两副担架和两名医护人员。

■ 研制历程

20世纪60年代初, 休斯直升机公司设计的369原型机成功赢得了美国陆军轻型侦察直升机计划, 并被命名为OH-6A。它凭借小巧的结构尺寸和较低的噪声水平, 显示出独特的战术优势, 在越南战争中完成了空中观测、目标识别、指挥与控制等任务, 表现不俗。

后来, 该机进行了几个批次的改进, 并被麦道公司命名为MD500"防御者", 在世界上销售了471架。其间, 它还成为美国陆军特种作战部队执行秘密任务的理想平台, 先后衍生发展出AH-6系列和MH-6系列, 分别用于火力攻击和突击运输任务, 最后统称为AH/MH-6直升机。

▲ AH-6 是美国陆军特种作战部队执行秘密任务的理想平台, 分为火力攻击AH-6 系列和突击运输任务 MH-6 系列

▲ AH-6 因作战响应迅速和飞行动作敏捷被形象地喻为"小鸟"

基本参数	
长度	9.8米
旋翼直径	8.3米
高度	3米
空重	722千克
最大起飞重量	1406千克
动力系统	T63-A-5A或t63-A-700涡轮轴发动机
最大航速	310千米/小时
实用升限	5900米
最大航程	1900千米

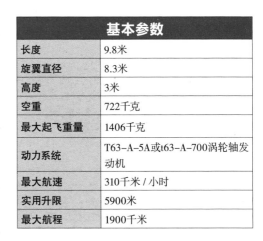

■ 作战性能

AH-6具有多种用途,作为攻击直升机时,它能携带的武器很多,其中有美军标准的7.62毫米口径机枪、30毫米口径机炮、70毫米火箭发射巢、"陶"式反坦克导弹等武器,威力不比一般的军用直升机差多少,它甚至还能挂载"毒刺"导弹进行空战。为了进一步提高在战场上被击中后机组人员的生存概率,AH-6i的机身加长了38.1厘米,相应加大了机身的后舱门,便于装卸和补充弹药。在尾部,该机不仅沿用了AH/MII-6M系列直升机的T形尾翼设计,可以在飞行速度增加的情况下提供更好的气动稳定性,同时还承袭了四桨叶尾桨,在飞行过程中可以降低噪声,有助于执行侦察任务。AH-6i不仅各种结构变化明显,更重要的是显著改进了性能。AH-6i的性能提升得益于发动机和旋翼系统的改进。

▲ AH-6 火力攻击系列

AH-64 APACHE
AH-64 "阿帕奇"武装直升机（美国）

简要介绍

　　AH-64武装直升机，代号"阿帕奇"，是美国陆军主力武装直升机，是美国陆军继AH-1系列之后的第二种专业的武装直升机。现已被世界上13个国家和地区使用。AH-64以其卓越的性能、优异的实战表现，自诞生之日起，一直是世界上武装直升机综合排行榜第一名。

研制历程

　　AH-64武装直升机是美国陆军1973年提出的"先进武装直升机计划"（AAH）的产物。最初参与竞标AAH的共有洛克希德、休斯（1985年8月与麦道合并）、贝尔、波音和西科斯基5家厂商。同年6月，美国陆军采用了休斯与贝尔的设计方案。休斯的编号为YAH-64，贝尔的编号为YAH-63。

　　1975年9月，双方的原型机都进行了试飞。经过激烈的竞争，美国陆军在1976年12月10日宣布YAH-64获胜，并赋予其AH-64的正式编号。

　　1984年AH-64开始服役，1986年7月形成初始作战能力，美国陆军总共接收了超过800架此型机。

▲ 在海湾战争中，一架"阿帕奇"在战斗中一次性摧毁了23辆坦克

基本参数	
长度	17.76米
旋翼直径	14.63米
高度	4.05米
空重	5165千克
最大起飞重量	10433千克
动力系统	T-700-GE-701发动机
最大航速	365千米/小时
实用升限	6400米
最大航程	1900千米

■ 作战性能

　　AH-64直升机有4个外挂点，每个外挂点可挂载一部M-261型19联装70毫米海蛇怪-70火箭发射器或M-260型七联装70毫米火箭发射器，能挂载16枚AGM-114"地狱火"反坦克导弹。AH-64A一推出便成为世界最强劲且最精密复杂的武装直升机，其观测/射控系统与作战能力优于任何一种21世纪之前服役中的俄罗斯或其他西方武装直升机，而且仍是西方世界火力最强大的武装直升机。AH-64采用全铰式（全关节式）四叶片式主尾旋翼、双发动机、后三点轮式起落架、双人纵列式座舱等构型，机体结构强韧，十分注重对抗战损的能力。

▲ AH-64 的综合头盔和显示瞄准系统是乘员和机鼻传感器系统之间的主要接口，这是一种有点笨重的"智能头盔"，带有无线电通信、激光防护镜和头盔显示单元。传感器可从动于头盔，链炮也可以从动于头盔，可以做到眼睛看到哪儿，就打到哪儿

■ 知识链接

　　印度塔塔公司AH-64阿帕奇武装直升机生产线，准确说叫作机身生产线，这些机身生产好后，要送回美国波音组装。有消息说，由于印度生产的机身存在公差较大，交货时间不及时，波音公司对印度塔塔公司失望透顶，新批次的AH-64阿帕奇武装直升机机身，已经交给韩国航空航天工业公司生产。

RAH-66 COMANCHE

RAH-66 "科曼奇" 武装直升机（美国）

简要介绍

RAH-66武装直升机，代号依据陆军直升机以印第安部落命名的传统定为"科曼奇"，是美国研制的一型双发单旋翼隐身侦察武装/攻击直升机。其先进的导航与目标瞄准系统能在夜间提供高清晰度战场红外图像，从而使该直升机具有优良的作战能力，主要执行武装侦察、反坦克和空战等任务。其最突出的优点是采用了前所未有的全面隐身设计，整体的隐身、机身多面体圆滑边角设计、采用吸波材料、发动机进气口设计、排气管降温遮掩设计、涵道风扇尾桨设计等，被称为直升机中的F-117。

研制历程

1982年，美国陆军提出LHX，"LHX"是实验性轻型直升机之意。计划需要大量LHX来取代UH-1、AH-1、OH-58和OH-6直升机，与"阿帕奇"一起组成美陆军航空兵未来的主力作战编队。

1988年6月，美国陆军计划生产约6000架LHX，所以任何一家制造商都无力独吞整个项目。于是美国陆军发出招标，让美国四大直升机制造商贝尔、波音、麦道和西科斯基组成两个团队来竞争。西科斯基和波音率先组成"波音西科斯基第一团队"，贝尔和麦道随后组成"超级团队"。1991年4月9日，美国陆军宣布波音西科斯基第一团队获胜。

1995年5月25日，第一架LH原型机终于下线，陆军宣布该机的编号RAH-66，其中R表示侦察，A表示攻击，H表示直升机。1996年1月4日，RAH-66原型机进行了首飞。

基本参数	
长度	14.28米
旋翼直径	11.9米
高度	3.39米
空重	4218千克
最大起飞重量	7896千克
动力系统	两台T800涡轮轴发动机
最大航速	324千米/小时
实用升限	4566米
最大航程	485千米

■ 作战性能

　　RAH-66武装直升机的基本理念是"发现敌人而不被发现"，其采用了全面隐身设计，低可观测性使其难以被发现，而在瞄准和目标获取系统上采用的最新技术扩展了交战距离、增加了交战时的速度，甚至把获取的数据分发给战场上的其他平台，以期成为第一种能做到发现敌人而不被发现的直升机。

▲ RAH-66内置武器舱可挂载6枚"地狱火"导弹，平时舱门关闭，发射时打开

CH-53 SEA STALLION
CH-53 "海上种马" 直升机（美国）

简要介绍

CH-53运输直升机，代号"海上种马"，是美国海军的一种中型空中运输直升机。主要用于突击运输、舰上垂直补给和运输。主要装备美国海军和海军陆战队。是美海军直升机部队的重要组成部分，承担大量的两栖运输任务。CH-53常被布置在海军的两栖攻击舰上，是美海军陆战队由舰到陆的主要突击力量之一。

◀ 在海湾战争开始之前，CH-53 运送特种部队士兵潜入伊拉克，一举摧毁了伊军早期预警雷达

研制历程

20世纪60年代，美国海军陆战队装备的是H-34型直升机，这种直升机仅能搭载18名士兵，无法满足繁重的两栖运输任务，海军陆战队需要更大更好的运输直升机。

西科斯基公司的设计方案获得青睐，1962年8月开始研制。1964年10月14日，第一架YCH-53A原型机试飞成功。美海军陆战队非常满意该型的性能，立刻开始采购。1966年6月开始交付入役。

▲ CH-53 驾驶舱可容 3 名乘员，主舱可容纳 37 名全副武装士兵或 24 副担架和 4 名医务人员，可用吊车进行垂直救援

基本参数	
长度	26.97米
旋翼直径	22.01米
高度	7.6米
空重	10740千克
最大起飞重量	19100千克
动力系统	两台通用T64-GE-413涡轴发动机
最大航速	315千米／小时
实用升限	5106米
最大航程	1640千米

■ 作战性能

　　CH-53是美军少数能在低能见度条件下借助自身设备在标准军用基地自行起降的直升机之一。机身为水密半硬壳结构，由轻合金、钢和钛合金制成，隔开的驾驶舱部分用玻璃纤维、环氧树脂复合材料制成。旋翼、减速器和发动机整流罩广泛使用凯夫拉复合材料。尾斜梁用液压动力向右折叠。机身能承受垂直方向20G（重力加速度）和横向10G的坠毁力。头部有可伸缩的空中加油探管，可空中加汴燃料，也可悬停在舰船上空，用吊车吊起舰上的油管给自己加油。

■ 知识链接

　　在海湾战争期间，CH-53系列的改进型MH-53J执行了多种任务，也是最早进入伊拉克领空的同盟国军队作战型号之一。作为特种作战的辅助力量，MH-53J为同盟国军队的各国地面部队执行了大量搜索、救援任务。

▲ CH-53常被布置在海军的两栖攻击舰上，是美海军陆战队由舰到陆的主要突击力量之一

CH-47 CHINOOK
CH-47 "飞行车厢"直升机（美国）

简要介绍

CH-47运输直升机，代号"飞行车厢"，是美国一型纵列双发动机双螺旋桨全天候多功能中/重型运输直升机。它不仅用于运兵、运送物资，还用于救援受到战损而不能飞返基地的轻型直升机，其出色的外挂吊运能力可以把完整的UH-1从战场吊走，运到后方修复。同样的吊运能力也可以用于运送车辆、火炮，使越战时代开始的空中机动概念从轻装步兵扩展到炮兵和摩托化步兵，极大地提高了空中机动部队的战斗力和机动性。它是陆军重型运输直升机的中坚力量，参加了越战之后的每一次军事行动。实战证明，它不仅是一种实用和可靠的机型，还具有让人羡慕的飞行安全纪录。

研制历程

1958年6月25日，美国陆军发布了新型运输直升机的招标书。1959年3月，伏托尔公司的设计方案在竞争中获胜，获得了制造一架全尺寸模型和5架原型机的合同。由于伏托尔忙于同时研制两种直升机，所以出现了财政危机，在重压之下被波音公司收购。

1961年9月21日，原型机首飞。1962年8月，开始向美国陆军交付生产型CH-47A。1963年开始装备美军，后又发展了B、C、D、F型，已被销往16个国家，最大的使用者是美军和英国皇家空军。

CH-47出色的外挂吊运能力可以用于运送车辆、火炮，极大地提高了空中机动部队的战斗力和机动性

基本参数	
长度	30.1米
旋翼直径	18.3米
高度	5.7米
空重	11148千克
最大起飞重量	22680千克
动力系统	两台T55-GA-714A涡轴发动机
最大航速	315千米/小时
实用升限	6100米
最大航程	2252千米

▶ CH-47的先进座舱，CH-47的乘员为3人，分别是飞行员、副驾驶和飞行工程师

■ 作战性能

　　由于CH-47宽大的机身和很强的装载能力，一些CH-47被改装为空中火力平台，安装多挺机枪，尤其是超高射速的加特林机枪，杀伤或者压制暴露的有生力量，对缺乏重武器和坚固工事的游击队尤其有效。在干运输直升机的老本行方面，CH-47是较早采用尾门跳板的直升机，可以大大加速人员和车辆、物资的装卸，甚至容许在离地面不到1米高的极低空慢速前进的同时，让步兵从尾门跳板上直接跳落到地面，或者把减震托盘上的物资直接推落到地面，避免了着陆步骤，节约时间，也提高飞行安全。

■ 知识链接

　　1965年，CH-47A首次运用于越南战场，在战场上的任务是运载炮兵及武器、弹药、人员和后勤物资，从战场回收了数以千计的飞机，它还执行救援、医疗救生、伞降和特种任务。在高峰时期共有22个CH-47单位部署在越，CH-47B、CH-47C和CH-47D在越南战争中常出现，替代了H-21完成攻击任务。

CH-54 TARHE
CH-54 "空中吊车"直升机（美国）

■ 简要介绍

　　CH-54直升机，代号"空中吊车"，是美国的一种双发单桨重型起重直升机。其机身怪异，仿佛被切掉了一大块。这种直升机专门为起重设计，驾驶舱在最前端，前后都有窗户，方便驾驶员的起重作业。它用来运输战斗人员、装甲车辆、大型设备和用于回收那些因为过于沉重而使得CH-47不能运载的飞机。它也用于从船上向岸上卸货。CH-54还被用于投掷重达4536千克的巨型炸弹，以在浓密的丛林中开辟直升机着陆场。在越南战场上，CH-54回收了380架损坏的飞机。

■ 研制历程

　　CH-54由美国西科斯基公司研制，公司编号为S-64，它是在S-60的基础上发展起来的。早在1961年4月S-60样机坠毁前，S-64的样机就开始制造了。虽然美国军方对此兴趣不大，但是西德政府却决定对S-64进行评估，而且买下了第一次制造的三架样机中的两架。

　　1962年5月9日，S-64进行了首飞，德国人在评估后并没有下订单，但是美国陆军这时却对S-64感兴趣并于1963年7月订购了6架S-64A用于评估并且将其编号为"YCH-54A"。

　　1964年，CH-54A正式开始制造。截至1974年6月，为美国陆军生产了96架。到20世纪80年代，所有CH-54陆续退出现役进入民用商业领域。

▲ CH-54 可靠性非常高，出口了很多国家

◀ CH-54 运送装甲车

基本参数	
长度	26.97米
旋翼直径	21.95米
高度	5.61米
空重	8725千克
最大起飞重量	19050千克
动力系统	两台普·惠T73P-1涡轮轴发动机
最大航速	205千米/小时
实用升限	3230米
最大航程	370千米

▶ CH-54 地面运送装甲车展示

■ 作战性能

CH-54采用全铰接式六片铝合金桨叶旋翼，尾桨由四片铝合金叶桨组成，机身为铝合金和钢制成的半硬壳吊舱尾梁式结构，机身在驾驶舱后面部分沿用可卸吊舱形式。水平安定面固定在尾斜梁顶部右侧。它采用不可收放的前三点式起落架。为装卸货物方便，起落架可通过液压轴伸长或缩短。尾部还装有可伸缩的缓冲器。前驾驶舱内有两个并排的正副驾驶员的座椅，后座舱内有操纵货物装卸的第三个驾驶员的座椅。另外增加了可以坐下两名乘客的折叠座。其可靠性非常高，很少有操作失误，让机组人员赞不绝口。

■ 知识链接

西科斯基飞行器公司是一家著名的美国飞机和直升机制造商。由俄罗斯裔美国飞行器工程师伊戈尔·西科斯基于1923年创建。公司总部设在康涅狄格州的斯塔特福德市。西科斯基设计了第一架稳定的单发动机可操纵直升机并于1942年开始大规模生产。西科斯基公司最著名产品为UH-60黑鹰。美国总统使用的直升机（海军陆战队一号）也一直是西科斯基公司产品。

OH-58 KIOWA
OH-58 "基奥瓦" 直升机（美国）

■ 简要介绍

OH-58是美国的一种侦察直升机，代号"基奥瓦"，主要用作侦察、情报支援和火力支援。它在越南战场上没有给人留下深刻的印象。自1987年起，它参与了美军多次作战行动，在海湾战争中，它前往波斯湾，多次摧毁了伊拉克沿海目标，如钻油平台、快艇、海防工事等。从美军部队反馈的信息表明，这种轻型侦察直升机很受欢迎。

■ 研制历程

20世纪60年代初，贝尔公司研究出了"基奥瓦"系列的原型机206型直升机以满足军方关于轻型侦察直升机的要求，军方代号为YOH-4，但是YOH-4在竞争中失败了。之后206的改进型206A被海军选中作为教练机，于1966年10月首飞。1968年206A作为第二代轻型侦察直升机被海军看中，军方代号为OH-58A，并且于1969年向军方交付了2200架。随后，OH-58立即被部署到了越南战场上。

▲ OH-58 先进的驾驶座舱。OH-58 最主要的观瞄系统就是桅顶瞄准具。由麦道公司和诺斯罗普公司电子机械部合作研制。包括 1 部电视摄影机、1 部热像仪、1 部激光测距 / 目标照射器

基本参数	
长度	12.85米
旋翼直径	10.67米
高度	3.9米
空重	718千克
最大起飞重量	2495千克
动力系统	艾力森250-C30R涡轮轴发动机
最大航速	241千米 / 小时
实用升限	3660米
最大航程	556千米

■ 作战性能

OH-58直升机性能优越，形成了一个大系列，以OH-58D为例，它主要的任务包括野战炮兵观测，同时为"铜斑蛇"激光制导炮弹提供目标照射。它可以利用自身的观瞄装置进行目标坐标计算和测距，再经由ATH传输目标信息，使地面炮兵能实时精确地发起攻击；也可为其他飞机提供类似支援，如和武装直升机组成"猎-歼小组"，互补不足，完成地面支援任务。必要的时候，也可用自身携带的武器发起攻击。

■ 实战表现

　　1991年2月20日，美军对伊拉克的军事行动即将大规模展开之际，两架OH-58指挥武装直升机袭击了离前线不远的一处伊拉克人综合掩体。OH-58直升机负责用激光指引目标，武装直升机则发射"地狱火"导弹。袭击之后，通过扩音器喊话，400多人跑出来投降。这次多种直升机联合攻击行动的成功，使得OH-58被广泛用于袭击掩体内的伊拉克军队，给萨达姆的军队造成重大损失。

◀ 在海湾战争中，美军共派出了130架OH-58前往波斯湾，多次摧毁了伊拉克沿海目标

■ 知识链接

　　侦察直升机，是现代陆军航空兵必须装备的一种航空侦察手段。侦察直升机担任近距离或者是接近战场地区的情报搜集工作，和战术侦察机一样，主要是担任军方支援的侦察角色。由于直升机可以悬停在敌人探测不到的地方进行情报与资料搜集，侦察直升机现时仍是主要的情报与资料搜集的军用机种之一。

UH-1 IROQUOIS
UH-1 "休伊" 直升机（美国）

■ 简要介绍

UH-1直升机，代号"休伊"，是美国的贝尔直升机公司所设计制造的军用中型通用直升机。UH-1直升机为多用途设计，U代表通用（Utility），从运输补给作业到攻击任务都能够胜任。是美军批量装备的第一个搭载了涡轮轴发动机的直升机。在越战期间，UH-1直升机作为美军标志性代表形象出现在媒体的新闻图片中。UH-1的改型很多，除供美国武装部队使用外，还出口美、欧、亚各洲许多国家和地区，生产总数在16000架以上，是世界上生产数量最多的几种直升机之一。

■ 研制历程

美国陆军1954年提出招标，1955年2月选中贝尔公司的方案，公司内部代号定为204，军方初期代号为H-40。

1956年10月20日，三架原型机中的第一架首次飞行，接着又研制6架YH-40试用型和9架预生产型HU-1。1958年9月第一架HU-1首飞，1959年6月30日开始交付。空军型号被命名为HU-1"依洛魁"。1962年9月重新命名为HU-1。1963年改用UH-1编号。

UH-1系列直升机至70年代末仍是美国陆军突击运输直升机队的主力，从80年代开始，其地位逐渐被UH-60直升机代替。UH-1系列的各种型号均已停产。

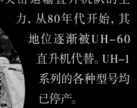

拉德龙谷地之战中的UH-1直升机和美军士兵

▲ UH-1直升机是美军批量装备的第一个搭载了涡轮轴发动机的直升机

基本参数	
长度	12.62米
旋翼直径	14.63米
高度	4.41米
最大起飞重量	4309千克
动力系统	T53-L-13涡轴式发动机
最大航速	207千米/小时
实用升限	3800米
最大航程	493千米

■ 作战性能

　　UH-1直升机最初的任务就是救护伤员,不过很快美军就发现了其不仅能把伤员拉向后方,更能载运士兵冲锋。于是,他们把"休伊"投入了越南战场。"休伊"到了越南后,从此改变了美军的作战形态。骑兵师、空中突击师等编制成了主要使用"休伊"直升机搭载士兵突入战场的新型作战单位。美军可以用运输直升机搭载大批步兵,"跳跃"着进攻前进,这就是所谓的"蛙跳"战术;也可以用多路直升机从不同方向对重点目标进行向心攻击,这就是所谓的"铁锤"战术。

▲ UH-1直升机是越战中的真正明星,它改变了美军的作战形态,也衍生了骑兵师、空中突击师等编制的新型作战单位

■ 知识链接

　　1965年11月14日开始的拉德龙谷地之战中,美国骑兵部队同越南步兵部队遭遇,双方在皮尔库附近的越南中心高地上展开了近乎面对面的残酷战斗。根据参加过这场战斗的李·克米奇的回忆说,"是UH-1'休伊'帮助他们扭转了战局"。UH-1直升机在这次战斗中多次出入于越南人的炮火之中,将美方人员和装备成功运送到新开辟的两个着陆带。此战后,UH-1"休伊"声名大噪。

SH-60 SEAHAWK
SH-60 "海鹰" 直升机（美国）

■ 简要介绍

　　SH-60直升机，代号"海鹰"，是美国的一种多用途舰载直升机，可以部署在具有航空操作甲板的航空母舰、驱逐舰、护卫舰、两栖舰等海军舰艇上，也可以执行反潜战（ASW）、反水面战（ASUW）、海军特种作战（NSW）、搜索和救援（SAR）、战斗搜索与救援（CSAR）、垂直补给（VERTREP）以及医疗后送（MEDEVAC）等任务，大大增强了海军舰艇的作战能力。除美国海军使用外，SH-60海鹰还外销日本、澳大利亚和希腊等十余个国家和地区，总制造数量逾千架，是世界上使用最广泛的海军舰载直升机之一。

■ 研制历程

　　20世纪70年代，美国海军寻找满足需要的新型号时，美国陆军当时正开始评估西科斯基UH-60A和波音·伏托尔的UH-61A，海军也把这两种新型直升机作为LAMPSMkIII的候选型号。1977年海军对这两种直升机进行了评估。

　　1977年9月1日西科斯基根据海军要求设计出的方案获胜，SH-60的设计参考了UH-60，并与UH-60通用直升机外形一致，尺寸一致，部件通用度83%。

　　1978年2月28日，美国海军订购了5架原型机，第一架原型机于1979年12月12日首飞。1983年2月11日首架生产型SH-60首飞，1984年开始服役，1985年初开始首次作战部署。

◀ "海鹰"可带两枚Mk46鱼雷、反舰导弹及机枪等武器

基本参数	
长度	19.75米
旋翼直径	16.35米
高度	5.2米
空重	6895千克
最大起飞重量	9927千克
动力系统	两台通用T700-GE-401C涡轴发动机
最大航速	270千米/小时
实用升限	3580米
最大航程	834千米

■ 作战性能

　　SH-60 "海鹰" 直升机身经过了防腐处理, 并增加了漂浮组件。增加了回收辅助、锁定与横移系统, 用于高海况下在护卫舰和其他小型水面舰艇上降落。增加了自动折叠旋翼, 旋翼刹车, 折叠平尾与垂尾。SH-60B的平尾比较特别, 是方形而不是UH-60的梯形, 可向上折叠竖在垂尾两边。UH-60在运输时也可以拆除平尾。增加了非装甲人员座椅以及可抛座舱门。该机使用海上保密通讯和保密数据链, 数据链的天线安装在尾梁下方的醒目天线罩内。

▲ SH-60B "海鹰" 直升机发射 "企鹅"
反舰导弹

■ 知识链接

　　SH-60在海湾战争中有着上佳的表现, 为支援封锁行动运输了登岸部队, 执行了扫雷巡逻、战斗搜救等任务, 在特种作战中运输了海豹突击队员, 为美国海军的水面舰艇进行了警戒。在战争中SH-60安装了被称为AIRBAC的大型箔条干扰弹, 从声呐浮标发射管中发射, 可形成一片箔条云来干扰伊拉克的反舰导弹。

V-22 OSPREY

V-22 "鱼鹰" 倾转旋翼机（美国）

简要介绍

V-22，代号"鱼鹰"，是美国一型具备垂直起降和短距起降能力的倾转旋翼机。它是按照美国空、海、陆军及海军陆战队4个军种的作战使用要求而设计的。可以满足32种军事任务的需求，并能赋予战场指挥官更多的选择和更大的灵活性。它能完成直升机所能完成的一切任务，由于其速度快、航程远、有效载荷较大等优点，因此它特别适合执行兵员、装备突击运输、战斗搜索和救援、特种作战、后勤支援、医疗后撤、反潜等方面的任务。

研制历程

1972年，美国航空航天局和陆军开展了一项全新的、以涡轮轴发动机驱动的倾转旋翼机计划。贝尔直升机公司于1973年获得研制合同，并将原型机取名为XV-15，这便是V-22 "鱼鹰"飞机的雏形。

1977年5月，贝尔直升机公司生产的第一架原型机完成首次悬停试验。第二架原型机于1979年4月23日进行首次悬停试验，同年7月24日完成了旋翼的倾转试验。

1981年，第一架XV-15原型机代表贝尔直升机公司和美国陆军在巴黎航展上展出，1989年3月19日首飞成功。经历长时间的测试、修改、验证工作后，2006年11月16日进入美国空军服役，2007年在美国海军陆战队服役。

▲ V-22 正吊运一辆"悍马"到两栖舰上

基本参数	
长度	17.5米
旋翼直径	25.8米
高度	6.73米
空重	15032千克
最大起飞重量	27400千克
动力系统	两台AE1107C涡轮轴发动机
最大航速	509千米/小时
实用升限	7620米
最大航程	1627千米

■ 作战性能

在固定翼状态下,V-22像是一架在两侧翼尖有两个超大的螺旋桨的飞机;在直升机状态下是一架有两个偏小的旋翼的直升机,这样使其既具备直升机的垂直升降能力,又拥有固定翼螺旋桨飞机高速、航程远及油耗较低的优点,是世界上飞得最快的直升机。

V-22装备了面向后方的防御机炮。在伊拉克使用的"鱼鹰"倾转旋翼机,配备了安装在后舱梯上的M240G中型机枪,用于清除敌对的着陆区。它出动时所需的支援较少,且不需要机场和跑道,加之维修简单,生存力强,因而特别适用于进行特种作战和缉毒行动,可大大提高军队布防、缉毒、救援、拯救人质等行动的速度。

▲ V-22 先进的驾驶座舱,乘员为 4 人,为 1 名飞行员、1 名副驾驶员和 2 名飞行工程师

■ 知识链接

倾转旋翼机是一种将固定翼飞机和直升机融为一体的新型飞行器,既具有普通直升机垂直起降和空中悬停的能力,又具有涡轮螺旋桨飞机的高速巡航飞行的能力。倾转旋翼机在类似固定翼飞机机翼的两翼尖处,各装一套可在水平位置与垂直位置之间转动的旋翼倾转系统组件。当飞机垂直起飞和着陆时,旋翼轴垂直于地面,呈横列式直升机飞行状态,并可在空中悬停、前后飞行和侧飞。

MI-24 HELLICHOOPER

米-24 "雌鹿" 武装直升机
（苏联 / 俄罗斯）

■ 简要介绍

米-24武装直升机，代号"雌鹿"，是一型双发单旋翼中型多用途武装直升机，是苏联的第一种专用武装直升机。它主要用于为己方部队开辟前进通道，清除防空火力和各种障碍，担负护航任务，还可以载8~10名士兵。由于在高原飞行时速度很快，会使得坠落事件发生可能性增大，并且自身目标大，容易被敌军防空武器击落。

■ 研制历程

米-24武装直升机由俄罗斯米里直升机设计局（原米里实验设计局）于20世纪60年代末开始研制，1969年首飞，1971年定型，1972年底完成试飞并投入批生产，1973年正式装备。系列型号有A、B、C、D、E和F共6种，造价较低，到2014年为止总产量约2000架，仍有1000多架在俄罗斯服役，出口到超过30个国家和地区。

▲ 米-24机头下方装有一挺12.7毫米口径四管"加特林"机枪，后期的改型换上GSH-23-1机炮、GSH-30-2机炮

基本参数	
长度	18.8米
旋翼直径	17.1米
高度	6.5米
空重	8500千克
最大起飞重量	12000千克
动力系统	两台TV3-117涡轴发动机
最大航速	335千米 / 小时
实用升限	4500米
最大航程	1000千米

■ 作战性能

米–24的主要武器是集束炸弹、高爆炸弹和火箭弹。它经过长期训练和使用,使用战术发生很大变化。不仅可以当作有效的反坦克武器,还可以作为高速贴地飞行的坦克和用作空战中消灭对方直升机的有效手段,还能担负为米–8和米–17机群护航的任务。在战斗任务中,如果携带有火箭弹吊舱和炸弹,米–24飞行员会先发射火箭再以机枪扫射,为后座的武器操作员提供充裕的时间瞄准和投弹。

▲ 米 -24 武装直升机按照西方的标准,其飞控和火控系统都比较粗糙,显得落后

■知识链接

1979年4月,阿富汗政府军接收首批米–24A和米–25,用来对付阿富汗游击队。米–24承担了33%的"计划中"的攻击任务,还承担了75%的应招近距火力支援任务。1979年5月1架米–24被击落,首开被击落的纪录。受制于阿富汗多山高温的环境,米–24不但无法表现其高速的优点,反而在起飞降落时十分危险。高速的转弯,也易使米–24失速坠落。驻扎在库因都兹的部队,头一年就因此损失了6架。

MI-28 HAVOC

米-28 "浩劫" 武装直升机（苏联 / 俄罗斯

简要介绍

米-28武装直升机，代号"浩劫"，单旋翼带尾桨纵列双座全天候专用武装直升机。它使用了大量先进技术，成为苏军第一种专用武装直升机，可直接用安-22和伊尔-76运输机运输到指定作战地区。它的结构布局、作战特点都与西方流行的设计，尤其与AH-64相似，因此被西方戏称为"阿帕奇斯基"。

◀ 米-28N 的飞控和火控系统都比较先进，左图是炮手座舱

研制历程

1976年12月16日，苏联政府在了解到AH-64的情况后，要求两家直升机设计局研制新型武装直升机。在最初的竞标活动中，米里设计局的米-28A设计方案战胜了卡莫夫设计局的卡-50设计方案。

米里设计局从1980年开始设计，由米尔-莫斯科直升机厂生产，原型机1982年11月10日首飞，90%的研制工作于1989年6月完成，第3架原型机参加了巴黎航展。1996年，米-28H、米-28N原型机分别于8月及10月成功首飞。

▲ 在米 -28N 的机鼻前，OPS-28 "路径" 光电搜索 / 瞄准转塔就位于炮塔前上方，再上面是 TOES-521 球形光电转塔，以及 I-256 无线电指令制导数据链

基本参数	
长度	16.85米
旋翼直径	17.2米
高度	4.81米
空重	7000千克
最大起飞重量	11400千克
动力系统	两台克里莫夫TV3-117发动机
最大航速	350千米 / 小时
实用升限	5800米
最大航程	470千米

■ 实战表现

1995年10月7日，俄空军运输航空兵的1架伊尔-76军用运输机将一架米-28A运抵瑞典鲁尔卡空军基地，目的是与美国AH-64一道参加瑞典军方举行的招标活动。根据瑞典军方的要求，在对抗模拟演习中，米-28A要完成两项对抗模拟演习科目：第一项是对己方装甲部队实施掩护，第二项是对战场敌战术目标实施突击。瑞典军方派出了STYV121主战坦克和STYF90步兵战车，扮演米-28A的掩护对象。对抗模拟演习在瑞典北方军区的维杰利靶场进行。结果，米-28A每一项都表现优异，大获瑞典军方青睐。

▲ 米-28N 的飞控和火控系统都比较先进，上图是飞行员座舱

■ 作战性能

米-28武装直升机放弃了米-24许多独特的设计，例如能装载8名步兵的运兵舱、气泡形风挡等。最新型米-28A具有超负载能力，机载光学瞄准系统性能良好，具有很好的操纵性，任何一位技术不够娴熟的乘员都可以很快驾驭；机动性也很好，能够做翻跟斗等动作；生存能力很强，驾驶座舱和机载设备可以抵御敌防空火力的攻击，完全符合西方关于"反坦克直升机的作战标准"，在远距离和十分复杂的地形，先敌发现和先敌打击；还具有20米以下的超低空突防能力。

■ 服役事故

2009年7月，俄罗斯陆军一架米-28N攻击直升机在6月19日进行火箭弹发射试验时坠毁。这是该型直升机首次发生坠毁事故。这架直升机出事时，正在40米低空盘旋，发射非制导火箭弹，直升机突然失去动力并坠毁。其尾部螺旋桨和挂架在事故中损毁，但是两名乘员幸免于难。

MI-26 HALO

米-26 "光环" 直升机（苏联/俄罗斯

■ 简要介绍

　　米-26直升机，北约代号"光环"，是一型双发多用途运输直升机。也是当今世界上仍在服役的最重、最大的直升机。

　　米-26直升机除作为军事用途之外，其民用功能也相当出色，如森林消防、自然灾害救援等。2008年5月，我国在汶川大地震的救援、抢险中，就是频繁使用米-26调运大型工程设备到震区实施堰塞湖的挖掘、疏浚工程，在预防次生灾害方面发挥了重要作用。

■ 研制历程

　　米-26由苏联米里设计局创始人米哈伊尔·列昂季耶维奇·米里的学生马拉特·尼古拉耶维奇·季申科主持设计。20世纪70年代开始研制，正式研制工作进行了3年。1977年12月第一架原型机首飞，1981年6月在巴黎航展展出，1985年通过苏联国家鉴定，1985年实施量产，1986年出口外销。米-26投产后，总计制造了约300架。有多款改进型号，如米-26A、米-26T、米-26P及米-26M等。现在"米-26"系列直升机的制造商为俄罗斯罗斯托夫直升机联合股份公司。

▲ 米-26 货舱顶部装有导轨并配有两个电动绞车，起吊质量为 5 吨

基本参数	
长度	40.03米
旋翼直径	32米
高度	8.15米
最大起飞重量	56000千克
动力系统	两台D-136涡轴发动机
最大航速	295千米 / 小时
实用升限	4600米
最大航程	1920千米（携带4个副油箱）

■ 作战性能

　　米-26是迄今为止世界上叶片最多的单旋翼直升机，其旋翼8叶、尾桨5叶。机身为全金属铆接，后舱门备有折叠式装卸跳板。机身下部为不可收放前三点轮式起落架，每个起落架有两个轮胎，前轮可操纵转向，主起落架的高度还可作液压调节。米-26有着极其宽敞的货舱空间，可装运2辆步兵装甲车和20吨的标准集装箱，如用于人员运输可容纳80名全副武装的士兵或60张担架床及4~5名医护人员。货舱顶都装有导轨并配有两个电动绞车，起吊质量为5吨。

▲ "米-26"飞行设备齐全，能满足全天候飞行需要，它的机载闭路电视摄像仪可对货物装卸和飞行中的货物姿态进行监控

■ 知识链接

　　1984年，米-26首次在航展上亮相，其硕大的外形和超强的运输能力，一下子就吸引了众多人的目光。次年，米-26开始正式进入苏军中服役，主要负责装甲车、弹道导弹等重型物资的运输工作，同时也负责人员的转运和投送，是当时苏军吨位最大、载重量最多的重型直升机。

KAMOV KA-27

卡-27通用直升机（苏联/俄罗斯）

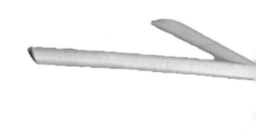

■ 简要介绍

卡-27通用直升机，代号"蜗牛"，主要任务为运输和反潜。它装有用于导航、探测水面潜艇及通信天线的雷达系统。还装有VGS-3吊放式声呐，获得的信息可通过半自动数据传输设备进行传送。任务计算机可进行自动控制、引导直升机飞向敌潜艇上空进行攻击。目前在俄罗斯、乌克兰、越南、韩国及印度均有使用。

■ 研制历程

卡-27直升机，由卡莫夫设计局于1969年开始设计，原型机于1974年12月首次试飞成功。20世纪80年代初投入生产。1982年，开始进入苏联海军服役，从而取代了服役已十年之久的卡-25"激素"反潜直升机。卡-27有多种改进型号，包括出口军用降级版本的卡-28、突击运输版本的卡-29和民用型号卡-32。

▲ 卡-27直升机

基本参数	
长度	11.3米
旋翼直径	15.9米
高度	5.4米
空重	11000千克
最大起飞重量	12600千克
动力系统	两台TV3-117V涡轴发动机
最大航速	270千米/小时
实用升限	6000米
最大航程	1200千米

■ 作战性能

　　卡-27的飞行性能使其能在较小的舰艇上使用，四点式起落架确保了起降的安全。起落架不可收放，装有油气减震器。前起落架可自由转向，后起落架支柱装在枢轴上，可使主机轮向前转动，减少对机头下方雷达信号的干扰。机身两侧带有充气浮筒，紧急情况下，可在水上着陆。为适应在海上使用，机身材料采用抗腐蚀金属。机上装有充气气囊，可确保卡-27在海上迫降漂浮。

▲ 由于卡-27是以反潜型来设计的，所以只装备机腹鱼雷、深水炸弹及其他基础武器

■ 知识链接

　　1945年卡莫夫开始共轴双旋翼直升机的研制工作。当时，很多人认为共轴双旋翼不会有什么前途，但卡莫夫没有气馁，继续走自己的路。1948年他组建了卡莫夫设计局之后，就确定了设计局的发展方向——研制共轴双旋翼直升机。因为这种独特的直升机结构紧凑，外形尺寸小，便于舰载，于是他确定了为海军研制舰载直升机的方针。他先后推出的卡-10、卡-15、卡-18等型号都是舰载直升机。

KAMOV KA-29
卡-29直升机（苏联）

简要介绍

　　卡-29是苏联研制的双发突击运输及电子战直升机，为突击运输、电子对抗、两栖战斗兼运输类型的直升机。它以攻击地面目标和水面目标为主要任务，同时，也要具备一定的近距空战能力。此外，也具备运送兵员和作战物资的能力。该机研发概念是一机多型，卡-28是舰载反潜型机，卡-29是舰载两栖战斗兼运输多用途型机，卡-32则是可舰载的运输（亦可民用）型机。

研制历程

　　20世纪70年代初期，苏联军方提出了新的要求，要大大提高海军登陆作战能力。为此，要建造许多大型登陆舰，舰上要配备专用的战斗突击/武装运输直升机。

　　卡莫夫设计局自20世纪70年代中期起，就开始在卡-27的基础上研制军方急需的这种新用途直升机卡-29。卡-29直升机计划总负责人是设计局总设计师米海耶夫，设计和试验的具体领导工作由副总设计师佛明负责。在反复论证的基础上确定了设计方案，然后设计工作全面铺开，制造出试验样机并开始进行地面和飞行试验。

　　1976年7月，卡-29原型机首飞。1979年卡-29成功地通过了国家级试验并开始在库梅尔套航空生产联合企业投入批生产，总计生产59架。1985年进入苏联北海舰队和太平洋舰队服役。

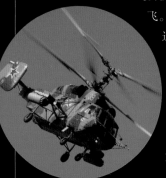

▲ 卡-29采用共轴式双旋翼布局

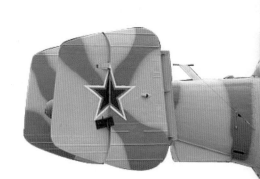

基本参数	
长度	11.3米
旋翼直径	15.9米
高度	5.4米
空重	5500千克
最大起飞重量	11500千克
动力系统	两台克里莫夫TV3-117涡轴发动机
最大航速	280千米/小时
实用升限	5000米
最大航程	460千米

■ 作战性能

　　卡-29有一定的搭载能力,机上设有绞车,可吊载300千克物资。机内可运送16名海军陆战队队员或10名伞兵,也可内装2000千克或外挂4000千克物资。装备有先进和完备的观察通信和火控设备,可在昼夜复杂的气象条件下活动。卡-29能针对预计实施登陆地域,协同其他航空兵兵力,进行航空火力准备。攻击、摧毁敌方在登陆地域附近的各种重要兵器和阵地,消灭、杀伤有生力量。

▲　卡-29战斗突击型可带8枚反坦克导弹,也可挂4个火箭发射器,携80枚口径80毫米的火箭弹,还可以挂2个机炮吊舱,内装口径23毫米口径机炮

■ 知识链接

　　卡-29采用共轴式双旋翼布局。这种独特的共轴式旋翼使直升机尺寸小,结构紧凑,对风向和风速不敏感,特别适于舰上使用;这种共轴式旋翼气动力平衡而对称,使直升机振动水平达到最低限度,大大提高了固定武器的瞄准精度;这种共轴式旋翼的扭矩相互平衡,不用安装尾桨,从而节省12%的发动机功率,提高了直升机的性能。

KAMOV KA-50
卡-50 "黑鲨" 直升机（苏联 / 俄罗斯

简要介绍

　　卡-50武装直升机, 代号"黑鲨", 是一型单座双发共轴双三桨旋翼多用途武装直升机。它是世界上第一型共轴双旋翼武装直升机, 也是世界上首型采用单人座舱的近距支援武装直升机, 还是第一型装备弹射救生座椅的直升机, 依照世界各国直升机划代标准属于第三代的级别。只有一名驾驶员的卡-50的问世掀开了直升机历史新的一页。驾驶员不仅要驾驶操纵直升机飞行, 还要搜索、跟踪目标, 并发射反坦克导弹实施攻击。

研制历程

　　1976年12月16日, 苏联政府在了解到AH-64的情况后, 认为当时的米-24武装直升机的档次要低得多, 有必要研制该机的后继机, 因此要求卡莫夫设计局和米里设计局进行研制。

　　最终, 卡莫夫设计局的方案在竞争中获胜。卡莫夫设计局于1977年完成设计, 原型机1982年6月17日首飞, 生产型1991年5月首飞, 1993年首次公开参加了英国范堡罗航展, 1995年8月, 正式进入俄罗斯陆军航空兵服役。

▲ 卡-50最大武器负载3000千克, 短翼翼尖挂电子干扰舱, 翼下4个挂架可挂火箭发射巢、激光制导炸弹、机炮吊舱、空空导弹、反辐射导弹和反坦克导弹等

基本参数	
长度	16米
旋翼直径	14.5米
高度	4.93米
空重	7500千克
最大起飞重量	10800千克
动力系统	两台克里莫夫TB/V3-117VMA涡轮轴发动机
最大航速	390千米 / 小时
最大航程	1100千米

■ 作战性能

　　卡-50的主要武器是AT-9导弹,一次可携带16枚,分4组挂载在两侧短翼下的4个挂架上。此导弹也可用于空战,甚至能攻击海上的导弹快艇。卡-50能够从高速飞行状态中突然进入悬停,且位置准确,稳定性好,能使卡-50以近乎静止的状态使用机载武器,对于火力发挥具有重要意义。卡-50武装直升机的座舱具有双层防护钢板,座舱的防弹玻璃能够抵挡住12.7毫米子弹的射击。

▲ 卡-50 的座舱仪表布局,尽管是单人执行驾驶和武器控制双重任务,凭借先进的瞄准、驾驶、导航一体化综合系统,卡-50 仍然具有良好的操纵性

■ 知识链接

　　第二次车臣战争中,卡-50在14架次的作战飞行中完成了超过100次的射击飞越。1998年6月17日21时59分,俄罗斯一架卡-50在飞行训练中坠毁。经调查,事故原因是上下两片旋翼碰到了一起。这说明,采用共轴双旋翼布局的直升机在紊流中飞行是相当危险的。

KAMOV KA-52
卡-52 "短吻鳄" 直升机（俄罗斯）

■ 简要介绍

卡-52武装直升机，代号"短吻鳄"，是一型共轴反转双旋翼式并列双座武装直升机。主要任务是对战场实施空中侦察，使突击直升机群能更隐蔽地采取突袭行动，可大大降低突袭风险，攻击和消灭敌方坦克、装甲车及地面机械化部队。也可同敌人的低速空中目标作战。它被称作智能型直升机，具有最新的自动目标指示仪和独特的高度程序，能为战斗直升机群进行目标分配，以充分发挥卡-50战斗直升机的作用和协调其机群的战斗行动。

■ 研制历程

为适应现代战争的需要，俄罗斯陆军航空兵迫切需要一种新型战斗直升机以取代老式的米-24主力攻击直升机。为此，从20世纪80年代初俄军方实施新型战斗直升机计划伊始，米里设计局就报出了双座的米-28，来与卡莫夫设计局研制的卡-50武装直升机展开竞争。

为争取军方订货，米里设计局便极力向军方介绍米-28的优良性能和使用可靠性。卡莫夫公司则以卡-50的独有特点努力说服军方。但是军方对这两型直升机都不甚满意。为此，两个设计局分别加快了对卡-50和米-28的改进。正是在这种情况下，卡莫夫设计局推出了卡-52，米里设计局报出了米-28H。卡-52直升机于1997年6月25日首飞，2011年11月服役。

◀ 卡-52和卡-50的不同之处在于它采用了并列式双座驾驶舱

基本参数	
长度	15.96米
旋翼直径	14.43米
高度	4.93米
最大起飞重量	10400千克
动力系统	两台TB3-117BM涡轴发动机
最大航速	350千米/小时
实用升限	3600米
最大航程	1200千米

■ 作战性能

　　卡-52翼下4个挂架可挂4个B-8火箭发射巢，最多80枚S-8型火箭，或最多12枚AT-12激光制导空面导弹。机身右侧装单管30毫米口径2A42机炮，备弹量280发。它的抗弹伤能力强，即使被12.7毫米的枪弹击伤，也仍能保持直升机正常飞行。双旋翼直升机布局有助于缩小直升机的外廓尺寸，使机体结构更为紧凑。由于它没有尾桨，这也提高了在贴地飞行时的安全性。

■ 知识链接

　　米里设计局由米哈伊尔·列昂季耶维奇·米里（1909—1970）在1947年创立，他担任第一任总设计师。米里设计局为俄罗斯和全世界贡献出厂15个投产型号的基本型直升机，生产的直升机总数接近3万架，占俄罗斯（包括苏联）国产直升机总数的95%。米里设计局的直升机总生产量在世界上名列前茅，其重型和超重型直升机一直居于世界首位。

KAWASAKI OH-1
OH-1 "忍者" 侦察直升机（日本）

简要介绍

川崎OH-1侦察直升机，绰号"忍者"，是日本川崎重工业为日本陆上自卫队设计制造的轻型军用双发、四旋翼观测/侦察直升机。OH-1没有任何固定武装，只在短翼的外侧挂架加装日本自制的双联装91式空空导弹用以自卫。日本防卫省将OH-1定义为"纯粹观测直升机、武装仅限于自卫、不包含攻击机能"，因此OH-1也成为全世界第一种只以空对空导弹为武装的军用直升机。

研制历程

OH-1"忍者"是日本川崎重工于1992年开始研制的一种轻型武装侦察直升机，用于替代日本陆上自卫队现役的OH-6D轻型武装侦察直升机。该机是日本自行研制的第一种军用直升机，于2000年正式服役。它并非等闲之辈，或者说"忍者"并不"忍"。它主要用于侦察敌方地面目标情况，将获取的信息传给AH-1等日本武装直升机和地面指挥机关。除侦察用途外，OH-1也能胜任一定的对地攻击和空战任务。

▲ OH-1 前机舱全景

基本参数	
长度	13.4米
旋翼直径	11.6米
高度	3.8米
最大起飞重量	4000千克
动力系统	两台TS1-M-10涡轮发动机
最大航速	278千米/小时
实用升限	4880米
最大航程	550千米

■ 作战性能

由于OH-1在设计阶段定义为一架纯粹的侦察直升机，完全不担负攻击性任务，所以OH-1没有任何固定武装。只是在机身两侧短翼的外侧挂架加装日本自制的双联装91式空对空导弹用以自卫，内侧挂架则只能携带235升副油箱来增加续航力。OH-1"忍者"武装直升机主要的专用系统是三坐标光电观察、侦察和目标指示系统，它安装在座舱上方旋翼塔座前面，视界方位角为220°，高低角40°，可将观测影像投射在前座及后座的多功能彩色显示器上。OH-1的观测装备极为先进，新型的红外线热影像仪分辨率颇高，此外也是全球第一种配备彩色电视摄影机的武装直升机。

▲ OH-1 观测仪特写

■ 知识链接

由于OH-1本来就有先进且功能完整的整合式光电侦搜瞄准仪，要纳入使用攻击性武器能力并不困难。以OH-1的构型，只要对射控系统加以整合以及强化两侧短翼的承载能力，便足以携带如火箭发射器、反坦克导弹或机枪荚舱，变成一个真正的武装直升机。

SA330 PUMA

SA330 "美洲豹" 直升机（法 / 英）

简要介绍

    "美洲豹"直升机是法、英联合生产的一型双发中型多用途直升机。在20世纪70—80年代，它成为许多国家空军装备的标准中型运输直升机。至1985年1月，已有692架"美洲豹"直升机销往46个国家。直到西科斯基公司的"黑鹰"直升机面世之后才取代其地位。

研制历程

    20世纪60年代末，战场运输直升机的作用是毋庸置疑的。没有一支现代军队可以承担不装备该飞机的代价，这一点在越南战争中得到了证明。当时，欧洲国家服役的直升机大多已经老旧过时，主要根据已经废弃的美国设计型号。尤其是英国和法国，急需更换仍在服役中的老式直升机。这促成了1967年的英法两国直升机合同。

    "美洲豹"直升机由法国国营宇航工业公司从1963年1月开始研制。后来英国的韦斯特兰公司加入研制行列。原型机试飞于1965年4月15日，1969年春天开始服役。

▲ AS332特点是载重更大、抗坠性好、战场生存性强、舱内噪声降低

基本参数	
长度	18.15米
旋翼直径	15米
高度	5.14米
空重	3536千克
最大起飞重量	7000千克
动力系统	两台Turbomeca Turmo IVC涡轮轴发动机
最大航速	257千米 / 小时
实用升限	4800米
最大航程	580千米

■ 作战性能

　　"美洲豹"直升机的主机舱开有侧门，可装载16名武装士兵或8副担架加8名轻伤员，也可运载货物，机外吊挂能力为3200千克。可视要求带导弹、火箭，或在机身侧面与机头分别装备20毫米口径机炮及7.62毫米口径机枪。1978年9月出现的"美洲豹"发展型AS332，别名"超级美洲豹"，特点是载重更大、抗坠性好、战场生存性强、舱内噪声降低。

▲ "美洲豹"直升机先进的驾驶舱

■ 知识链接

　　南非是法国"美洲豹"机型的主要客户，在与种族隔离制度相对应的武器禁令宣布之前已经购买了大约70架"美洲豹"直升机。利用SA330发展了自己的Atlas"小羚羊"机型。罗马尼亚航空工业公司利用以色列的埃尔比特公司（Elbit）升级生产了SOCAT型"美洲豹"直升机。就是在原机型基础上装备了机头前视红外线导航系统（FLIR）、20毫米口径转动机炮以及先进的反坦克导弹。

SA341 GAZELLE

SA341 "小羚羊" 直升机（法 / 英）

简要介绍

　　"小羚羊"是由法、英共同研制的一种轻型多用途直升机，在20世纪70—80年代，它是一种非常优异的直升机。由于其性能优异，到1991年6月30日，共向世界上41个国家交付了1254架，包括英国、法国、伊拉克、爱尔兰、摩洛哥、安哥拉、南斯拉夫、埃及等，其中英国装备了282架，法国装备了357架以上，埃及装备了190架，伊拉克装备了81架。

研制历程

　　1964年，法国宇航工业公司开始研制"小羚羊"武装直升机，旨在取代"云雀"II直升机。1967年，法、英两国签订共同研制和生产的协议。第一架原型机称为SA340，1967年4月7日首飞；第二架原型机称为SA341，1968年4月首飞。经过改进的第一架预生产型在1971年8月6日首飞。

基本参数	
长度	11.97米
旋翼直径	10.5米
高度	3.19米
空重	991千克
最大起飞重量	1900千克
动力系统	"阿斯泰阻" XIVM涡轴发动机
最大航速	296千米 / 小时
实用升限	4100米
最大航程	710千米

▲ "小羚羊"可挂载武器有：两个火箭弹吊舱、有线制导导弹、7.62毫米口径机枪、20毫米口径机炮、反坦克导弹和空对空导弹

■ 作战性能

"小羚羊"具有全天候瞄准具，其导航设备为可选用无线罗盘、无线电高度表和甚高频全向信标，还可选装自动驾驶仪。电子对抗设备采用的是AWARE-3雷达告警接收机和激光指导器。根据执行任务的不同，机上可安装不同的设备。

1971年5月13日和14日，"小羚羊"在伊斯特尔创造了3项E1C级世界纪录：在3千米直线航段上飞行速度达310千米/小时，在15千米~25千米直线航段上飞行速度达312千米/小时，在100千米闭合航线上飞行速度达296千米/小时。

▲ "小羚羊"主要特点是体积小、重量轻、速度快

■ 知识链接

法国国家航空宇航公司是法国宇航工业最大的公司，1970年1月1日成立，由南方飞机制造公司、北方飞机制造公司和弹道导弹研究制造公司合并组成，由政府控制资本和经营，总部设在巴黎。该公司下设飞机、直升机、战术导弹和空间系统4个工业分部和1个技术中心，共有14个工厂。

WESTLAND LYNX
"山猫"直升机（英/法）

简要介绍

　　"山猫"直升机是英、法合作生产的双发动机涡轴多用途直升机，可执行战术部队运输、后勤支援、护航、反坦克、搜索和救援、伤员撤退、侦察和指挥等任务。海军型还可用于反潜、对水面舰只搜索和攻击、垂直补给等。"山猫"AH.Mk5英国陆军型是世界上第一种真正的电传操纵系统的直升机。

研制历程

　　"山猫"武装直升机是英、法合作生产的3种直升机（"美洲豹""小羚羊"和"山猫"）之一。合作协议在1967年2月提出，1968年4月2日批准。英国韦斯特兰直升机公司和原法国宇航公司（现欧洲直升机法国公司）共同承担，英国分担70%的工作量，法国分担30%。法国宇航公司向韦斯特兰直升机公司提供桨毂、尾桨、桨叶、短翼（海军型）、座舱结构和机身尾段。第一架原型机在1971年3月21日第一次试飞。1974年初，"山猫"开始批量生产。

▲ "山猫"座舱可容纳两名飞行员和10名武装士兵，舱内可载货物907千克，外挂能力为1360千克

基本参数	
长度	15.63米
旋翼直径	12.8米
高度	2.964米
空重	2787千克
最大起飞重量	4535千克
动力系统	两台"宝石"43-1涡轴发动机
最大航速	259千米/小时
最大航程	1342千米

■ 作战性能

"山猫"武装直升机执行武装护航、反坦克和空对地攻击任务时,可以携带68毫米、70毫米或80毫米火箭弹和各种反坦克导弹,也可携带20毫米口径机炮、7.62毫米口径机枪。海军型可携带鱼雷、深水炸弹或空舰导弹。"山猫"武装直升机使用了先进的多普勒雷达、空中导航系统,具有速度快、机动灵活和容易操纵的优点。

■ 实战表现

1982年,英阿马岛战的一次反潜作战中,"山猫"直升机和"黄蜂"直升机将阿根廷的"圣菲"号潜艇击沉。海湾战争中,英国第1装甲师一个陆军航兵团装备有"山猫"直升机24架参战。战争中英海军使用此型机发现并击毁伊海军多艘小型舰艇。

▲ 直升机头部前部突出段较长,头部下载有圆盘形天线,为圆顶尖型。机身两侧滑动舱门上有大窗口

■知识链接

装备英国皇家海军的"山猫"直升机有3种:MK2、MK3和MK8。其中,MK2型为基本的执行反潜及其他任务的直升机,头部装有搜索和跟踪雷达,能够执行反潜鉴别与攻击、船艇搜索与攻击、搜索与救援、侦察、人员运送、火力支援、通信与舰队联络,以及垂直补给等任务;MK3型增大了发动机功率;MK8型安装被动识别系统,更换复合材料主旋翼片和配备中心战术系统。

AS-565 PANTHER
AS-565 "黑豹"直升机（法国）

简要介绍

  AS-565直升机，代号"黑豹"，是法国研制的一款多用途战斗直升机，平时执行救援运输任务，战时为特种部队提供支援。作为AS-565SA型"黑豹"反潜直升机适合各种作战需要。"黑豹"直升机装备的MK-46型鱼雷、"白头"鱼雷可用于反潜作战，而20毫米口径机炮吊舱、AS-15TT反舰导弹又使其具备了对地支援和威慑大型军舰的实力。

研制历程

  AS-565直升机是欧洲直升机法国公司研制。1979年3月31日，原型机AS-365N首飞成功。1984年2月生产型首飞，1986年4月30日生产型首次展出，1988年首次交付使用。此后发展出几种海军型、陆军型和空军型改型。美国海军警卫队曾以AS-366G1（HH-65"海豚"）的名义购买了该机。AS-565的各种改型被生产或订购总数为500架。

▲ AS-565有正副驾驶各1名，货舱可运送12名士兵或吊挂1600千克货物

基本参数	
长度	13.7米
旋翼直径	11.9米
高度	4.1米
动力系统	两台"阿赫耶"1C2或2C涡轮轴发动机
最大航速	287千米/小时
最大航程	859千米

■ 作战性能

　　AS-565直升机生存能力强，机身复合材料使用比例增加15%，增大强度和耐腐蚀性。发动机装有喷焰削弱偏转器，降低了红外辐射。座椅可防弹，油箱中弹后可自封。座舱加强了抗坠毁能力，有夜视仪及电子干扰设备，座舱更适合于贴地飞行。其机身两侧可挂22枚68毫米火箭弹加19枚70毫米火箭弹及1具20毫米口径机炮舱，可连续执行3小时火力支援。用于反坦克作战时，可改挂4枚"霍特"导弹。当进行直升机空战时，可挂4枚空空导弹加1门机炮。

▲ "黑豹"主要用于突击运输，可在400千米范围内运送2名机组人员及10名士兵

■ 知识链接

　　欧洲直升机公司创建于1992年，现已更名为空客直升机公司，是由法国宇航和戴姆勒-克莱斯勒宇航两家公司的直升机事业部合并而成，目前是欧洲宇航防务集团（EADS）下属的全球最大的直升机制造公司。2014年欧洲宇航防务集团（EADS）宣布更名为空中客车集团，欧洲直升机公司也已经正式更名为空中客车直升机公司。

EC 665 TIGER
虎式直升机（法/德）

简要介绍

虎式武装直升机是一型四旋翼双发多任务武装直升机，也是世界上第一种将制空作战纳入设计思想并付诸实施的武装直升机。它的空中机动性能、续航力、机炮射击精确度可与美制武装直升机AH-64媲美。它适合进行直升机空战，其整体武器装载不如美制武装直升机，不过仍足以胜任许多的反坦克、猎杀软性目标或密接支援等任务。而在后勤维持成本上，它相较于AH-64则拥有较大的优势。

研制历程

冷战期间，为了对抗华约组织数量惊人的装甲部队，西方国家都使用直升机作为反装甲的武器。1975年，联邦德国与法国交换了合作开发新一代专业武装直升机的想法，正式探讨此构想。1983年形成初步共识，决定以一具共同的机身搭配3种不同的武器和任务装备来满足不同的需求。

1991年4月，原型机首飞，并于该年在巴黎航展亮相。虎式直升机的初期量产合约在1999年6月签订，生产160架，德、法两国各分得80架。在2003年，第一架量产型交付德国陆军。2004年10月，首批10架量产型正式配备于法国和德国陆军。

基本参数	
长度	14.08米
旋翼直径	13米
高度	5.2米
最大起飞重量	6000千克
动力系统	两台MTR-390涡轮发动机
最大航速	322千米/小时
最大航程	800千米

◁ 虎式有两个武器挂载短翼，每个短翼下方有两个挂载点，可加挂多种型号的导弹和火箭发射器

■ 作战性能

  虎式武装直升机在设计之初便着重三项基本要素：强化隐身能力以及战场存活率，提高武器与射控系统效能以减低人员负荷，优良的整体后勤系统以降低生命周期成本。因此，它采用自封油箱，并有惰性气体产生器将惰性气体灌入油箱中以减低受损时起火爆炸的危险。为了增加存活率，确保受损时不至于丧失所有机能，其所有重要回路、导航、飞控、通信与动力系统均采用分离式双重独立备份设计。

▲ 虎式采用并列串联式驾驶舱，航电火控系统非常先进

■ 知识链接

  美国、法国、英国等西方国家在2011年3月19日开始对利比亚发动空袭，称为"奥德赛黎明"行动。同年5月17日，法国将包含虎式直升机在内的12架陆军直升机以海军西北风级两栖攻击舰"雷霆"号派往利比亚，强化对卡扎菲的地面攻击。

A-129 MANGUSTA

A-129 "猫鼬" 直升机（意大利）

简要介绍

A-129武装直升机是意大利陆军航空兵的主战直升机，绰号"猫鼬"。这是欧洲自主设计的第一种武装直升机，也是第一种采用军标1553B军用总线的武装直升机。它有着完善的全昼夜作战能力，这是由于它有两台计算机控制的综合多功能火控系统。在2001年北京航展和2004年珠海航展上，阿古斯塔公司特意带来了这种直升机的模型参展。

研制历程

1972年，意大利总参谋部试探性地表示需要一种专职反坦克直升机时，这还是欧洲第一家。当时意大利有两个选择：购买现成的直升机或者改进一种该国直升机。权衡之下，意大利陆军航空兵决定联合阿古斯塔公司，转向对A-109直升机进行大幅度改型。

1982年到1983年间，阿古斯塔公司制造了一架A-129的全比例机身模型，主要用于安装IMS电子设备，并进行测试。1983年3月，军方同厂家签署协议，协议规定制造原型机并进行飞行测试的具体事宜。1983年8月，A-129在地面测试平台上开始测试。

1983年9月15日，原型机在卡西尼亚科斯塔进行了正式首飞。1990年10月6日，首批5架A-129"猫鼬"武装直升机交付意大利陆军航空兵训练中心。

▲ A-129武装直升机的4个外挂点上可携带1200千克外挂武器，通常携带8枚"陶"式反坦克导弹、两挺机枪或81毫米火箭发射舱

基本参数	
长度	12.28米
旋翼直径	11.9米
高度	3.35米
空重	2350千克
最大起飞重量	4600千克
动力系统	两台罗尔斯·罗伊斯2-1004D涡轴发动机
最大航速	278千米/小时
实用升限	4725米
最大航程	1000千米

■ 作战性能

A-129在4个外挂点上可携带1200千克外挂物，通常携带8枚"陶"式反坦克导弹、两挺机枪或81毫米火箭发射舱。主要反装甲武器是装在短翼上的"陶"式导弹，瞄准具安装在机头，但还可安装旋翼主轴瞄准具。另外，A-129也有携带"毒刺"空空导弹的能力。机上装有霍尼韦尔公司生产的前视红外探测系统，使飞行员可在夜间贴地飞行。头盔显示瞄准系统使驾驶员和武器操作手均可迅速地发起攻击。为了夜间执行反坦克任务，前视红外探测系统可以增强"陶"式导弹的目标截获和制导能力。

▲ A-129有着非常先进的航电火控，计算机的大量使用大大减轻了飞行员的负担

■ 知识链接

升级后的A-129于1995年首飞成功后，立刻在国际军用直升机市场上备受瞩目，土耳其、澳大利亚、斯洛文尼亚、马来西亚、新加坡、西班牙和瑞士等国家纷纷表示了对新A-129的兴趣。阿古斯塔公司趁势将升级后的A-129命名为"猫鼬"国际型。在此基础上，该公司还在进行A-129的舰载武器验证试飞，以满足意大利海军陆战队的作战需要并扩大其销路。

NHINDUSTRIES NH-90

NH-90直升机（欧洲）

简要介绍

　　NH-90直升机是世界最大规模的联合直升机研制项目，也是欧洲多国国防装备研发合作的典型，从细节到主体设计无一不体现欧洲国防科技水平。它的飞行性能很突出，与空重、载重、任务都相似的美国"黑鹰"直升机相比，NH-90在最大速度、巡航速度、升限、悬停高度等多个方面都相仿或更为优秀。它能胜任陆军航空兵的所有支援任务，对所有通用直升机都能构成一定的挑战。

研制历程

　　NH-90直升机是20世纪80年代北约直升机工业公司（现为空中客车直升机公司）生产制造，英国、法国、德国、意大利和荷兰等国于1985年9月发起共同研制的双发多用途直升机。NH-90直升机项目从1986年开始初步设计，1995年12月首飞成功，2000年6月30日开始批量生产。目前已经进入法国、德国、意大利、新西兰、澳大利亚、埃及等国家服役。

▲ NH-90直升机分为两种基本构型：海军型（护卫舰直升机）和陆军型（战术运输直升机）

基本参数	
长度	16.13米
旋翼直径	16.3米
高度	5.23米
空重	5400千克
最大起飞重量	9100千克
动力系统	两台罗尔斯·罗伊斯-透博梅卡RTM322-01/9或通用电气T700/T6E涡轴发动机
最大航速	310千米/小时
实用升限	6000米
最大航程	1100千米

■ 作战性能

　　为应对21世纪更为严酷的作战任务,北约直升机工业公司为NH-90加入了大量的高科技。最令人印象深刻的是线条流畅、富有力量感的全复合材料机身,轻巧而坚固,并具有耐坠毁能力。机身全部用复合材料制成,隐身性好,抗冲击能力较强。螺旋桨轴使用了钛合金材料,油箱为先进的自封闭设计,被击中后不易起火,还装备有一体化的通信识别管理系统和先进的电子战设备,可以携带空对地导弹和空对空导弹。电子系统采用了双余度MIL-STD-1553B总线架构,具有整合紧密、信息融合能力强、维护升级简便等优点。

▲ NH-90直升机的基本飞行性能很突出,有着高可靠性和良好的维护性,使用成本较低,大幅度提高了在夜间和恶劣气候条件下的飞行性能

■ 知识链接

　　NH工业公司属阿古斯塔·韦斯特兰公司、欧洲直升机公司和福克公司所有。NH-90直升机项目是欧洲有史以来发起的最大项目,已确认订购453架,另有102架选购权,用来装备和现代化法国、德国、意大利、荷兰、葡萄牙、芬兰、挪威、瑞典、希腊、阿曼、澳大利亚、新西兰、西班牙和比利时的武装部队。同其他几个国防军的最终谈判正在进行之中,涉及另外76架NH-90战术运输和海军改型直升机。

CSH-2 ROOIVALK

CSH-2 "石茶隼" 武装直升机 (南非)

简要介绍

　　CSH-2是满足南非军方需要的一种武装直升机,代号"石茶隼"。根据南非军方的需求,这种武装直升机的主要任务是在有各种苏制地对空导弹的高威胁环境中进行近距离空中支援和反坦克、反火炮作战,以及为其他直升机护航。同时,由于南非独特的地貌特征,所以它有其独特的优点、出勤率高、精确性强、适应性和生存能力都较强、维护较简便,同时还可以抵抗风沙。该型武装直升机的大多数指标与AH-64、米-28、德法联合研制的虎式等先进武装直升机相当。

研制历程

　　由于南非在20世纪90年代前长期实行种族隔离政策,以及与邻国不断发生各种摩擦,再加上南非动荡的局势,南非军队要长期面对直接的作战任务。南非陆军进一步致力于研制一种可靠而凶猛、具有世界先进水平的武装直升机为地面提供支援。

　　南非阿特拉斯公司获得研制资格。1990年2月,CSH-2原型机首飞。1992年年底,南非军备局宣布,该机即将投入生产,并随之公布了若干资料照片,立时引起各国军界不小的轰动。1995年,CSH-2训练型正式投入使用。2003年9月,南非空军第16中队正式接收首批两架更名为AH-2A的改进型攻击直升机。

　　▲ "石茶隼"炮塔安装在机头下前方,炮塔随主瞄准具以及头盔瞄准具的运动而运动

基本参数	
长度	18.73米
旋翼直径	15.58米
高度	5.19米
空重	5730千克
最大起飞重量	8750千克
动力系统	2台透博梅卡涡轴发动机
最大航速	309千米/小时
实用升限	6100米
最大航程	720千米

■ 作战性能

CSH-2装有机炮,可带火箭、导弹等一般反坦克直升机所带的特种制式武器,火力很强。

其生存性采用了阶梯式原理:首先是不被探测;如被探测,求不被击中;如被击中,求不坠毁;如坠毁不可避免,则求坠后生存。与探测有关的4个方面是:目视、雷达、红外和音响。降低目视信号的方法有:采用伪装涂料、小的机体正面横截面积和使用反射阳光最少的平板玻璃窗。但主要的方法还是利用地形、隐蔽物和在夜间作贴地飞行。该机能依靠有关系统作长时间贴地飞行,飞行员不必高度集中精力。

▲ "石茶隼"的驾驶舱舒适,自动化程度高。机组由一名驾驶员和一名射击员组成,驾驶员在前,射击员在后。射击员舱也有全套操纵装置,如果驾驶员受伤不能驾驶时,射击员也能操纵直升机

■知识链接

"石茶隼"直升机的所有关键部件都是双余度的,不可能采用双余度的部件也有其他部件遮挡,例如,主减速器就被两台发动机所遮挡。驾驶舱两个座椅都有陶瓷装甲板,其他需要装甲的部位则有丙烯酸材料装甲。两台发动机装在直升机肩部,分隔距离较大,可防止一发炮弹击中两台发动机。主减速器和发动机设有火警传感器和灭火系统。"石茶隼"在被打掉尾桨后能继续飞行。

图书在版编目（CIP）数据

轰炸机与直升机 / 吕辉编著 . — 沈阳 : 辽宁美术
出版社 , 2022.3
（军迷·武器爱好者丛书）
ISBN 978-7-5314-9126-2

Ⅰ . ①轰… Ⅱ . ①吕… Ⅲ . ①轰炸机—世界—通俗读
物②直升机—世界—通俗读物 Ⅳ . ① V271.4-49
② V275-49

中国版本图书馆 CIP 数据核字 (2021) 第 256721 号

出 版 者：辽宁美术出版社
地　　址：沈阳市和平区民族北街29号　邮编：110001
发 行 者：辽宁美术出版社
印 刷 者：汇昌印刷（天津）有限公司
开　　本：889mm×1194mm　1/16
印　　张：14
字　　数：220千字
出版时间：2022年3月第1版
印刷时间：2022年3月第1次印刷
责任编辑：张　玥
版式设计：吕　辉
责任校对：郝　刚
书　　号：ISBN 978-7-5314-9126-2
定　　价：99.00元

邮购部电话：024-83833008
E-mail：53490914@qq.com
http://www.lnmscbs.cn
图书如有印装质量问题请与出版部联系调换
出版部电话：024-23835227